Taste of life Series

品味生活系列

洋酒品鉴大全

日本成美堂出版编辑部 编著 高岚 译

Their

中国民族摄影艺术出版社

图书在版编目（CIP）数据

洋酒品鉴大全 / 日本成美堂出版编辑部编著；高岚译. -- 北京：中国民族摄影艺术出版社, 2014.7
（品味生活系列）
ISBN 978-7-5122-0574-1

Ⅰ. ①洋… Ⅱ. ①日… ②高… Ⅲ. ①酒 – 品鉴 – 国外 Ⅳ. ①TS262

中国版本图书馆CIP数据核字(2014)第119490号

TITLE：［洋酒の飲み方・愉しみ方BOOK］
BY：［成美堂出版編集部］

著作权合同登记号：01-2014-3275

策划制作：北京书锦缘咨询有限公司（www.booklink.com.cn）
总 策 划：陈 庆
策　　划：邵嘉瑜
设计制作：季传亮

书　名：品味生活系列：洋酒品鉴大全
作　者：日本成美堂出版编辑部
译　者：高 岚
责　编：欧珠明 张 宇
出　版：中国民族摄影艺术出版社
地　址：北京东城区和平里北街14号（100013）
发　行：010-64211754 84250639 64906396
印　刷：北京美图印务有限公司
开　本：1/16 170mm × 240mm
印　张：16
字　数：115千字
版　次：2020年7月第1版第5次印刷
ISBN 978-7-5122-0574-1
定　价：78.00元

目录

洋酒的风景

威士忌的品饮方法

白兰地的品饮方法

朗姆酒的品饮方法

伏特加的品饮方法

金酒的品饮方法

龙舌兰酒的品饮方法

How to drink and enjoy
GIN

How to drink and enjoy
TEQUILA

《本书使用方法》

度数

根据材料的分量来计算，表示强弱程度。
度数1=9以下/弱
度数2=10~18/微弱
度数3=19~28 /中
度数4=29~35/微强
度数5=36以上/强
选择冰饮方式时，随着时间的流逝酒精度会逐渐降低。

季节

许多饮品都可全年饮用，但在春夏秋冬四季当中也分别有最适合的品味季节。

TPO

（是3个英语单词的缩写，分别代表时间Time、地点Place和场合Occasion）
晚餐
前=适合在晚餐之前饮用。
全=全天，即适合任何时间饮用。
后=适合在晚餐之后饮用。

口味

包括甜口、中甜、适口、中辣以及辛辣5种口味。指最初的饮用口感。口感甘甜酒精度数较高的类型也属于甜口。

洋酒的风景

文●白岩义贤　摄影●森垣正博

饮酒的乐趣应该在仔细的品味以及对酒的痴迷与热爱之中找寻，而不应该在醉酒之后得到，这是品酒的第一要义。喝醉的人或借着酒劲而有所企图的人是没有品酒的资格的，酒是需要品的，而不是一种可以利用的工具。要想尽情享受饮酒的乐趣，最好的地方是在酒吧、餐厅以及自己的家中。

场景1
酒吧中的品饮方法
酒杯与酒是主角

想要学习喝洋酒，没有比酒吧更合适的场所了。在这里会提供品种多样的美酒以及各式各样配套的饮酒服务，既有在此行业内熏陶了数十年的行家调酒师，也有表现夺目，能够活跃气氛的年轻调酒师。说到酒吧，从廉价的路边大排档到极尽奢华昂贵的饭店酒吧，环境、规模各有不同，因此在什么样的场合饮用什么样的酒要事先心有所知。而且，独自饮酒与结伴畅饮的心情也一定会有所不同。事实上酒吧中的饮酒方式并非如我们想象中那样简单。

首先说独自一人去饮酒的场合。如果店内客人较少的话便可随意坐在吧台与调酒师闲聊几句，不然就要尽量离吧台远一点，或站或坐。最好事先了解调酒师是习惯左手还是右手，然后选择坐在他习惯的那一边。因为人在认真工作的时候习惯使用的手臂一侧动作会更加真实到位，从观赏的角度来说效果也会更加出色。并且距离稍远一点，也有利于欣赏到他优雅、赏心悦目的整体动作。

是短饮还是长饮可根据自己的喜好来选择，不过过于张扬的饮酒方式会显得有些俗气。摆放得恰如其分的玻璃杯与美酒如同主角一般，吸引着人们的目光，静静地诱惑着你的唇齿。这时候端起一杯靠近嘴唇，旁边还能有一位懂酒的人悉心讲解，这样的场景相信大家都十分向往。

带着女伴一起去饮酒的时候，自然要照顾到她们的喜好，同她们一起欣赏调酒师那杂技一般的精彩表演，再品尝调酒师所独创的特制鸡尾酒感觉会更加惬

意。不过，在这当中真正值得鉴赏的东西并不是太多。与朋友结伴一同去酒吧时，可以分别选择自己喜欢的酒类，并且在谈话中还可以一起聊关于酒的话题。

有人说：“人知酒，酒知酒，酒知人。”也就是说，通过酒这个中介，我们既可以感觉到做酒的人，也可以了解到喝酒的人。在品味美酒的同时，你会联想到制作出如此美味的造酒者，也会有着不同于常人的细腻、飘逸的气度。而出自同一个人手中的每一种不同风味的美酒，都会有与之性情对味的人钟爱于它。

爱好洋酒的人，饮酒之前应该对诸如马丁尼酒是由金酒和干苦艾酒调制而成的这类常识稍作了解，不过无论如何都不要在酒吧中炫耀自己的博学。想做了解可先从了解“十大鸡尾酒”等常识开始。

在餐厅用餐时一定要选择葡萄酒来搭配。正如人们所说：“如果没有葡萄酒来佐餐，再美味的佳肴也会失去味道。就好像菜肴失恋了一般。”葡萄酒与美食的关系久远而且深厚。这二者之间巧妙搭配，能够使彼此的味道及口感提升，从而使进餐者获得更加美妙的享受。

美食与葡萄酒这对黄金组合历经了久远的历史考验。若还想品尝其他酒类，就只能在餐前酒和餐后酒时选择了。所挑选的酒一定不要影响到正常的进餐量及进餐口味，毕竟美食才是主角。起泡类饮品会产生大量气体致使胃部胀满，甚至还要通过打嗝等方式来排解，这种类型的酒以及鸡尾酒等应避免饮用。英国前首相丘吉尔的父亲曾经喜欢喝白兰地苏打水，还有用香槟配制而成的皇家基尔，这些也同样不太适合。

在十分正式的宴会场合中，大口大口地畅饮啤酒显然是不合时宜的。就算服务员表面上微笑招呼，内心也会十分不快；再次见到这样的客人，一定会安排他坐到位置较远、不引人注意的座位上。这不仅仅是一种失态的表现，也很不符合这种场合下的基本规矩。

洋酒的风景

场景2

餐厅中的品饮方法

餐前酒与餐后酒

那么究竟哪种酒类才适合作为餐前酒或者餐后酒呢？“Aperitif”一词的原型为拉丁语中的“Aperitovus，即具有使……打开的效果”，意思是能够扩展胃部空间、增进食欲的饮品，也就是餐前开胃酒。而“Digestif”即“Digest（消化）”，指的是具有消化功能的饮品，也就是餐后酒。餐前酒一般是口感爽快，并带有些辛辣味道的烈性酒（茴香香型、薄荷香型等），或者是各种雪莉酒。餐后酒中有以苏特恩白葡萄酒和托卡伊为代表的甜口贵腐葡萄酒，与水果搭配成为至极享受；有科涅克白兰地、阿马尼亚克白兰地以及马尔白兰地等，可与干酪同吃；除此之外还可选择利口酒等甜口类型（水果、种子、香草、果皮、可可、紫罗兰香型等）。（荷属）库拉索岛特产的橘子柑香酒，还有法国君度公司生产的君度力娇酒等，在温热之后会产生浓郁甜美的柑橘香气，有勇气品尝的男士会获得法国熟女们的赞赏。

洋酒的风景
场景3
书房中的品饮方法

与好朋友结伴，或是独自一人面对周围陌生的面孔，在这样大众的饮酒场所里，恐怕很难去细细品味美酒的精髓。只有对酒的本质味道、制作方法、起源、存在价值以及功能效用等了解之后，才能够深刻地体会到酒中所蕴含的美妙，进而获得愉悦感受。身心放松的休息日午后是最佳的品酒时间。

在午后温暖阳光的映照下，酒的色调和玻璃杯的影像都更加优雅迷人。接近黄昏时分，浓郁的烈性酒味道开始在胸中弥漫，头部好似薄雾笼罩，视线迷离，这时所有的压力和疲惫都会离身而去。随手点燃一支雪茄，吐出的烟雾如同旋律一般奏响，心情也更加放松释然。想让自己恢复清醒，则可以听一听巴洛克室内乐；还想沉浸在迷醉的气氛之中，则可听一首德彪西的《牧神午后前奏曲》。

从黄昏到深夜这一时间段里，选择葡萄酒、白兰地或者口味甜美的利口酒等能够让自己微醉沉迷的酒十分合适。吉田健一先生（日本批评家、小说家、英文学者）就十分喜欢在夜晚温暖的房间中独自品酒，让自己沉浸在酒香之中。想象一下这样的场景就会让人感到十分陶醉。在品尝陈年佳酿的葡萄酒之前若稍有晃动，其中的沉淀物就会升起进而影响到酒的颜色和味道。因此尽量不要把酒带到外面，最好是放在酒柜里（用来保存葡萄酒，促进其成熟，能够调节温湿度的一种冰箱）保存，于家中慢慢享用。

喝葡萄酒的时候最好不要吸烟，因为烟草的味道会干扰到葡萄酒的醇香。喝白兰地的时候虽然可以吸烟，但也不要一手拿着烟卷，一手端着酒杯，因为这样很容易使烟灰掉落到酒里。这时最好使用白兰地吸管，一点一点地品尝。

如果感觉白兰地太过普通，你也可以选择有着“绿色魔酒”之称的“修道院陈酿绿酒”或者“本尼迪克特甜酒”。前者是1605年在法国阿尔卑斯山沙特勒兹修道院内使用130余种药草酿制而成的，后者则是在法国诺曼底本尼迪克特修道院中将数十种药草分别蒸馏之后，所获得的高酒精度甜香甘美的利口酒，其制作方法始终保密。

首先建议品尝一下修道院绿酒，注意不要一下子就喝下一小汤匙，而要先在舌尖上滴一两滴来品尝。酒液还未流至喉咙就已经渗入舌中消失了，但残留的余香却会如魔法一般膨胀扩散充满诱惑，引起人们极大的兴致。这个时候若有萝丝玛丽·克隆尼或者茱莉·伦敦等人的抒情歌曲伴耳，心情则会更加愉悦。

从休息日的午后开始

Library

话说洋酒

纵览全球，就会发现，除了音乐、美术以外，酒也成为人类的共通语言。酒文化源于各个民族对传统、自由的追求、向往和崇拜，又经天时地利的独特孕育，从而延伸到人文角度流传开来。不同的酒造就了不同民族的性情。

如今，在我们身边能看得到、能数得出来的酒，把远古时代及进入文明时代后的都算上，大约有几千种。可以说，酒的历史是伴随人类的历史一同书写的。

所谓的洋酒，是指从欧美地区传过来的酒，抑或是模仿其制造方法酿造的酒。广义上来讲也包含啤酒以及葡萄酒的酿造方法。通常所说的洋酒多指经过蒸馏的威士忌、白兰地，或者含有很高酒精成分的烈性酒。原料多采用大麦、小麦、黑麦、玉米等谷物，葡萄、苹果、樱桃等水果以及土豆、甘蔗等。蒸馏方法有两种。一种是采用单式蒸馏机的传统蒸馏法，另一种是近代采用连续式蒸馏机的酒精蒸馏法。前者为不完全蒸馏，混合有酒精以外的成分，带有原料本身的味道。后者经过蒸馏制成高达95° 的酒精，由于近似于纯酒精，饮用时需加入香精，并兑水冲淡。

从原料上来分，用大麦制成的是威士忌，把葡萄酒蒸馏后得到的是白兰地，把苹果酒蒸馏后得到的是苹果白兰地，用甘蔗制成的是朗姆酒。各种酒因采用原料以及发酵方法的不同，所具有的香味和特色也不尽相同。杜松子酒的原料为黑麦和玉米，蒸馏时在锅盖上放些杜松的果实，并借以酒精蒸气的作用产生具有杜松香味的酒。伏特加酒是以大麦为原料，稀释后由连续式蒸馏机得到的中度酒精，并通过白桦木炭层过滤而产生。另外，还有一种利口酒，它是在烈性酒或是白兰地里浸入果实、花瓣等，然后再加入砂糖调制甜味酿制而成。

一般来说，雪莉酒或烈性的鸡尾酒属于开胃酒，葡萄酒是佐餐酒，白兰地等强劲的烈酒或甘甜的利口酒则是餐后酒。

历史上最古老的酒是葡萄酒和啤酒。这两种酒也为今天璀璨缤纷的洋酒（威士忌、白兰地、伏特加等）的出现和繁盛奠定了基础。

有这样一个传说：葡萄酒是诺亚方舟中储存下来的唯一的酒类。诺亚把葡萄的种子带进方舟中，等洪水退却后，种子发芽结出果实，从而制成葡萄酒。考古学家证实，在一万年前的地球大洪水时期，的确有葡萄的栽培记载；而且，在青铜器时代的墓穴中，也发现了葡萄的种子。

另一方面，关于啤酒也有一个古老的传说。统治古希伯来人的犹太立法者摩西制定的摩西五经中提到，烈酒是由大麦酿造的酒，而且，在2500年前的巴比伦王国，就专门用啤酒花的苦味来调制啤酒，从这个国家的遗迹中发掘出来的著名的汉穆拉比法典里，也记载了与葡萄酒的贩卖相关的法律规定及啤酒的酿造方法等。

总之，从古时起就与人类生活息息相关的葡萄酒和啤酒，到了耶稣时代，因为其制法及添加物的增加，种类也逐渐增多起来。可是根据当时的典籍记载，即使种类增多，但酒的原材料仍然只是大麦和葡萄。把葡萄酒或是啤酒蒸馏后得到白兰地或是威士忌等的方法，是很久之后的事了。不过在公元前350年，古希腊哲学家亚里士多德就曾经说过，蒸馏后的海水也能喝，那么葡萄酒还有其他液体，都可用同样的方法蒸馏得到吧。据说他的发现是源于锅内食物散发的热气在锅盖内侧凝结的现象。这也是对于威士忌和白兰地出现的最早预言。

在《圣经》中与葡萄酒相关的记载也不少。其中这样写道“为了保持健康，不仅要经常喝水，还须适当地喝一些葡萄酒。”而且古人还知道葡萄酒具有帮助消化、增进食欲的好处。

另外还有很多记载中提到，适量饮用葡萄酒不仅从医学角度，从精神层面来说，对人体都是有好处的。

此外，在耶稣最后的晚餐中，对于面包和葡萄酒，也有这样的记载：“这是我们的肉，这是我们的血。”众所周知，从此以后，以葡萄酒和面包作为耶稣血肉的代表而举行的圣餐仪式，成为基督教中重要的一项圣礼。

葡萄酒还有啤酒，以及这之后产生的香槟酒、利口酒等，都是由修道院中的修道士酿造出来的。僧侣们用舌头品尝到侍奉给神的一丝圣酒，想想就会很快乐吧？

探寻洋酒的历史渊源就会知道，在很久以前洋酒就与人们的生活密不可分了。在很多国家、不同民族酿造出来的酒，超越国境，跨越海峡，在另一个国度又产生了新的酒种。如此，现在我们才可以尽情地品尝到色、香、味不同的洋酒！

目前，洋酒的品种很多，酒牌更是五花八门，不胜枚举。比较著名的产酒国家有：法国、英国、德国、意大利、美国、俄国、瑞士、西班牙等。这其中最为著名的当首推法国。法国生产的白兰地、香槟酒、红白葡萄酒及各种烈性甜酒，都是首屈一指的。其次是英国，英国生产的金酒和威士忌，都非常受人们的欢迎。苏格兰威士忌特有的烟熏味道使其在威士忌家族中独占鳌头。德国的啤酒以其悠久的历史而闻名于世。还有俄罗斯和北欧的伏特加、牙买加的朗姆酒，更是远近皆知。美国的酿酒工业虽然起步较晚，但也有比较著名的波本威士忌等。

SPIRITS FROM ALL

世界上的洋酒种类及分布

世界洋酒地图

根据制造方法洋酒大致可分为三类：一类是绞榨的葡萄汁发酵后酿制而成的酿造酒（如葡萄酒），一类是将这种葡萄酒蒸馏后所获得的酒精度较高的蒸馏酒（如白兰地），最后一类就是将不同酒种及配制材料混合在一起形成的利口酒。本书中所提到的品种都是从世界范围内广受人们喜爱的洋酒之中精选出来的。

想要更好地品味和享受洋酒，首先就要了解这些人气美酒都出自世界哪个地方。

●洋酒的分类

洋酒	酿造酒	葡萄酒	啤酒					
	蒸馏酒	威士忌	白兰地	朗姆酒	伏特加	金酒	龙舌兰酒
	混合酒	利口酒						

COGNAC/ARMAGNAC
干邑白兰地/阿马尼亚克酒

→P46

主要生产国　法国西南部

基础原料　葡萄

酒精度数　40°～43°

具代表性的饮酒方式　常温下可用较大球形玻璃杯，一边闻着酒香，一边愉悦品尝。也经常被用作鸡尾酒的基酒。

GRAPPA 格拉帕酒

→P46

主要生产国　意大利

基础原料　葡萄渣

酒精度数　30°～60°

具代表性的饮酒方式　作为餐后酒，在甜点之后饮用。味道香醇的意大利浓咖啡与格拉帕酒等烈性酒融合而成的饮品，被意大利人称作是"克烈特"。常温下直接饮用就可体会到其独特的风味。

CALVADOS 卡巴度斯酒

→P46

主要生产国　意大利（诺曼底地区）

基础原料　苹果

酒精度数　40°

具代表性的饮酒方式　冰箱中冷藏后饮用，口中会溢满苹果的香气。与苏打水或汤力水融合，也能够让你充分地体味到卡巴度斯的浓郁味道。

GIN 金酒

→P120

主要生产国　英国、荷兰、德国

基础原料　主要为玉米、黑麦、大麦

酒精度数　38°～47°

具代表性的饮酒方式　可在冰箱中冷藏后直接饮用。也可混合果汁、汤力水等清凉饮料。作为鸡尾酒的基酒使用时，最好搭配酸橙或柠檬来装饰。

OVER THE WORLD

WHISKEY 威士忌

→P10

主要生产国 英国、爱尔兰、美国、加拿大、日本

基础原料 大麦、玉米、小麦、黑麦、谷物类

酒精度数 40° ~60°

具代表性的饮酒方式 麦芽威士忌当中可加入天然纯净水后饮用。此外还可加冰或苏打水、或与利口酒融合做成鸡尾酒。

BRANDY 白兰地

→P46

主要生产国 法国、希腊、西班牙

基础原料 葡萄

酒精度数 40°

具代表性的饮酒方式 上等的白兰地在常温下可使用较大球形酒杯或试酒杯来直接饮用。此外融合苏打水、汤力水或干姜水后饮用口感会更加丰富。

VODKA 伏特加

→P96

主要生产国 俄罗斯、波兰、瑞典、芬兰、法国、美国

基础原料 小麦、黑麦、大麦、玉米、土豆

酒精度数 40° ~96°

具代表性的饮酒方式 酒瓶和玻璃杯都放入冰箱中冷藏，净饮时最好一饮而尽，也可加冰饮用或与适合的果汁相融合，经常被人们用作鸡尾酒的基酒。

→P10

BOURBON 波本威士忌

主要生产国 美国（特别是肯塔基州）

基础原料 玉米、黑麦、大麦

酒精度数 40° ~50.5°

具代表性的饮酒方式 可直接饮用或加冰，也可融合苏打水或可乐，配入薄荷嫩芽等材料制作成鸡尾酒。

→P72

RUM 朗姆酒

主要生产国 牙买加、古巴、波多黎各、海地、委内瑞拉

基础原料 糖蜜、甘蔗

酒精度数 40° ~75°

具代表性的饮酒方式 直接饮用或加冰。以朗姆酒为基酒的著名鸡尾酒有莫吉托和自由古巴等，朗姆酒与可乐搭配非常适合。

→P142

TEQUILA 龙舌兰酒

主要生产国 墨西哥

基础原料 龙舌兰（Blue Agave）

酒精度数 35° ~40°

具代表性的饮酒方式 使用矮杯直接饮用；高杯可混合果汁饮用；还能够作为鸡尾酒的基酒。

威士忌的历史

威士忌酒是闻名世界的佳酿，它的主要产地是英国的苏格兰。英国人把威士忌视为自己的国宝之一，并以豪饮威士忌为人生一大乐事。

谈到威士忌的由来，有一种说法是，在中古世纪时，炼金术士们在炼金的时候，在一个偶然的机会下将某种发酵液体放进熔炉中，他们发现竟然会产生一种可口的液体，这便是人类获得蒸馏酒的初次体验。他们把这种饮后可以使人焕发激情的蒸馏酒以拉丁语命名为“生命之水”，认为这是长生不老的秘方。此后，在公元四、五世纪的时候，这种“生命之水”的制法由传教士从爱尔兰地区带入了苏格兰，1494年，天主教修士约翰·柯尔在当时的苏格兰国王詹姆士四世要求下，采购了八大筛麦芽作为原料，在苏格兰的艾莱岛将“生命之水”与当地的麦酒蒸馏之后，生产出了35箱味道强烈的酒性饮料，并将之称为Visage-beatha。这便是威士忌“Whisky”之起源，也被认定为威士忌名称的由来。

1534－1535年，苏格兰地区的人们对酿造威士忌的技术开始感兴趣，并且很快就把这一技术加以发展。家庭作坊式的酒厂，是当时法律所允许的，也是苏格兰庄园经济中重要的一部分。在夏季，农民开始

How to drink and enjoy

威士忌的品饮方法

威士忌是上天赐予人间的恩物，它的味道来自大自然

饲养牛，并种植大麦；等到冬季时，长成的大麦可用来喂牛，而剩余的大麦就用来酿造威士忌来帮助人们抵御严寒。

到1644年，官方开始对威士忌征税，高额税收导致了非法蒸馏和走私。由于苏格兰低地的酒厂的位置明显，很难躲避检查，为了支付税款，这些酒厂只能在生产中偷工减料，以降低成本。而与此相反，高原酒厂位置比较隐蔽，可以避开官员征税，从而能够集中精力发展酿造技术。因此现在在苏格兰地区，高原有将近100家酒厂，而低地只有4家。

1700年以后，随着美洲人向西迁移，欧洲大陆移民来到了肯塔基州的波本镇，开始蒸馏威士忌。这种后来被称为“肯塔基波本”的威士忌，以其上成的质量和独特的风格成为美国威士忌的代名词。

欧洲移民把蒸馏技术带到了美国，同时也传到加拿大。1857年，家庭式的酿酒作坊在加拿大安大略省建立，从事威士忌的生产。1920年，山姆·布朗夫曼创建了施格兰酒厂，利用当地丰富的谷物原料及淡水资源生产出优质的威士忌，产品行销世界各地。如今，加拿大威士忌以其酒体轻盈的特点，成为世界上配制混合酒的重要基酒。

19世纪下半叶，日本受西方蒸馏酒工艺的影响，开始进口原料酒进行调配威士忌。1923年，日本三得利公司的创始人乌井信治郎开始在京都郊外的山崎县建立了第一座生产麦芽威士忌的工厂。从那时候起，日本威士忌逐渐发展起来，并成为国内非常受人欢迎的饮品。

威士忌是绝对的烈酒，不过，俗话称：白兰地上头，威士忌上脚，喝完威士忌后相对比较舒服，而且也不会像喝过白酒的人那样酒气冲天。

流行在欧洲、北美以及日本的琥珀色蒸馏酒

在不同的地域环境中展现个性的五大威士忌

广受欢迎的威士忌在世界上许多国家落地生根。其中，爱尔兰威士忌（Irish Whisky）、苏格兰威士忌（Scotch Whisky）、美国威士忌（Ameican Whisky）、加拿大威士忌（Canadian Whisky）以及日本威士忌（Japanese Whisky）并称为五大威士忌。

威士忌的诞生地是爱尔兰。随着爱尔兰人的迁移，大约在6世纪时威士忌传至苏格兰，又由于新大陆开辟后移民涌入，由此诞生了美国威士忌（Ameican Whisky）和加拿大威士忌（Canadian Whisky）。黑船事件之后，威士忌传入日本，昭和时代（1926-1989年）开始了正式的酿造。植根于不同地域环境中的威士忌各自形成了全新的个性，由此也展现出更加耀眼夺目的光芒。

琥珀色蒸馏酒的原点

爱尔兰威士忌

就连拥有目前世界上最昂贵的威士忌品牌的苏格兰人也不得不承认，其实，爱尔兰才是威士忌的发源地。爱尔兰人最早将蒸馏术从修道院传到民间，并将这种技术用于酿酒工业。虽然由于各种历史原因，爱尔兰威士忌已经不如它的后继者——苏格兰威士忌——那样广为流传，但真正热爱威士忌的酒客总是对这块土地心生向往，憧憬着爱尔兰的烈性威士忌之旅。爱尔兰威士忌的主要原料是大麦麦芽，除此之外也会使用尚未发芽的大麦、黑麦或小麦制作。使用未发芽的大麦酿造，所散发出的十分浓郁的大麦香气是爱尔兰特色。

利用煤炭使麦芽干燥，而后在大型单式蒸馏器中蒸馏3次。在第二次和第三次蒸馏时，只留取中段液，3次蒸馏之后倒入木桶内酿制3年。

最终的蒸馏液酒精度数会在85°左右。浓度较高，副生成物少，这样就形成了淡质威士忌（Light Whisky）。酿造波本威士忌（Bourbon Whisky）、朗姆酒（Rum）以及雪莉酒（Sherry）时所使用的一般为白橡木酒桶。

经过上述工序酿制出来的酒就被称作是“纯壶式蒸馏威士忌（Pure Pot Still Whiskey）”。其特点是香味醇厚，具有柔顺回旋的口感。

1970年后出现了混合威士忌（Blended Whisky）。

秘密酿造提高品质

苏格兰威士忌

苏格兰威士忌与中国的贵州茅台酒、法国的科涅白兰地并称为世界三大蒸馏水白酒。它行销世界各地，为各国的名酒鉴赏家所推崇，被认为是世界上最名贵的酒之一，有“液体金子”之称。

苏格兰威士忌是伴随着爱尔兰凯尔特人的移居而传至当地的。原料也使用与爱尔兰相同的大麦麦芽，但在麦芽干燥时所使用的不是煤炭，而是泥炭。正因为如此，苏格兰威士忌便形成了自身所独有的烟熏味道。

17世纪开始，苏格兰威士忌作为税收对象引起了官方的注意。为了逃避纳税，一些人便开始了秘密酿造。这种状态一直持续至19世纪前半期，前后长达180年。

暂且不论道德层面的问题，事实上秘密酿造对于提升苏格兰威士忌的品质起到了巨大的推动作用。一方面酿造者们为了躲避赋税，拼命地逃往大山深处，这样也就为获得更加清澈的泉水创造了便利条件；另一方面也因此形成了使用木桶酿酒的过程。

而在此之前，无论是在爱尔兰还是在苏格兰，威士忌都是蒸馏过后直接饮用的。后来由于使用木桶长期放置，酒的味道也就变得更加香醇浓郁。

这样酿造出来的麦芽威士忌（Malt Whisky）与使用连续式蒸馏机酿造出来的谷物威士忌（Grain Whisky）相融合之后，就形成了混合型威士忌（Blended Whisky）。苏格兰威士忌在20世纪初进入了繁荣时期。而在第一次世界大战、美国禁酒令颁布以及第二次世界大战的巨大打击之下，鼎盛时期的150家蒸馏酒厂最终只残存下了不过45家。在这之后，于1950年上半年丘吉尔时代开始复兴，将实现国际化作为目标，苏格兰威士忌也得到了迅速的发展。

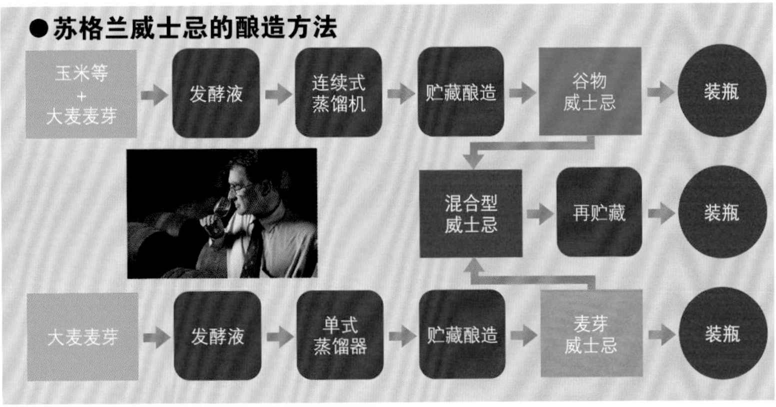

威士忌的品饮方法

摄影/涉谷宽

带有木桶焦香味道的美国威士忌

美国是生产威士忌的著名国家之一，同时也是世界上最大的威士忌酒消费国。据统计美国成年人每人每年平均饮用16瓶威士忌，这是世界其他任何国家都不能比拟的。

美国威士忌的酿造始于18世纪。在爱尔兰和苏格兰殖民者当中有懂得蒸馏技术的人，于是在宾夕法尼亚州和弗吉尼亚州等地开始使用黑麦来酿造威士忌。

美国威士忌的发展历史与其他国家一样，也与同赋税的斗争分不开。最初的赋税是由乔治·华盛顿在1791年制定的。当时的美国财政部长亚历山大·汉密尔顿为因战争欠下的大笔国债而发愁时，发现向蒸馏饮品征收消费税是个好办法。这项税收一方面可以充实国库，另一方面也可以防止人们过量饮酒。

新法律一实行，就遭到了农场主们的强烈反对，随即爆发了“威士忌的爱好者”与政府的激烈冲突。暴乱最终被镇压，但是税法也并没有取得胜利，这条法律在几年以后被废除。

乔治·华盛顿在晚年时，自己也开办了一个威士忌酒坊。他的酒坊在1797年开办的时候只有两个蒸馏器，到1799年，也就是华盛顿死前不久，酒坊产量达到顶峰，蒸馏器发展到5个。那年他酿造了13000加仑黑麦威士忌，并在当地出售。

1920年美国颁布了《禁酒令》，造成许多酿酒厂停产，地下酿酒厂遍及全国，加拿大劣质威士忌源源不断流入美国，失业率不断提高。1933年政府宣布废止《禁酒令》。正是由于这一坎坷的过程才造就了美国威士忌独特的风格，即酸麦芽浆和烘烤的橡木桶以及淡质威士忌的发展。

美国威士忌分许多种类，其中最具代表性的就是波本威士忌。波本威士忌的原料中有51%以上都是玉米，是口感十分纯正的威士忌种类。

纯波本威士忌（Stright Bourbon Whiskey）是将玉米和其他谷物粉碎，加入由石灰岩层中涌出的泉水，再融合麦芽浆，并利用酵母使之发酵。而后在连续式蒸馏机中进行简单蒸馏，再在加倍精馏装置中进行精细蒸馏，取出酒精度在80°以下的烈性酒后加水。最后倒入内壁烘烤过的新制白橡木桶中酿造2年以上。这种独特的木桶香气也成为了波本威士忌的一大魅力。

●波本威士忌的酿造方法

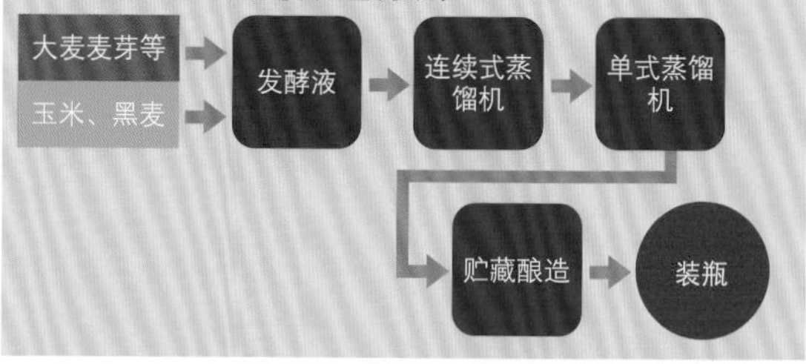

禁酒令下急速成长的

加拿大威士忌

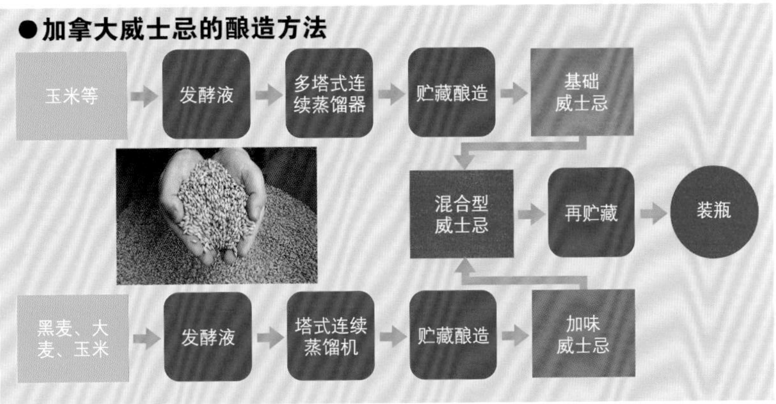

加拿大威士忌的酿造是在美国独立战争后，由移居加拿大的英国人开始的。最初是使用黑麦酿造的口味十分浓重的威士忌，到了19世纪后半期，则逐渐向以玉米为原料的淡质威士忌转变。

促使加拿大威士忌快速发展的是美国所颁布的禁酒法令。禁酒令将加拿大视为美国威士忌的仓库。解禁之后，在美国威士忌重返市场之前，加拿大威士忌抢先进入美国，确立了其有利地位。

加拿大威士忌的主要原料是玉米、黑麦以及大麦麦芽。其酿制方法十分独特，是以黑麦为主料的加味威士忌（Flavoring Whisky）和以玉米为主料的基础威士忌（Base Whisky）混合而成的。加味威士忌的酒精度约为64°～75°，是具有浓郁芳香气味的威士忌。而基础威士忌的酒精度为94°～95°，香味较淡，也无其他特殊味道。

将这两种酒类调配之后就形成了口味清爽的淡质威士忌。这也是五大威士忌中口感最为清淡的类型。

最适合加水饮用的

日本威士忌

1929年第一款日本产威士忌诞生。之后又陆续推出日光（Nikka）、麦西亚（Mercian）、麒麟·西格兰姆斯（Kirin Seagram，现在的麒麟麦酒）等酒类，打造出了丰富的日本威士忌酒文化。

日本也与苏格兰同样酿造出了麦芽威士忌（Malt Whisky）和谷物威士忌（Grain whisk）。麦芽威士忌是使大麦麦芽糖化并发酵，在单式蒸馏器中蒸馏两次，然后倒入木桶中酿造而成的，其酿造方法与苏格兰麦芽威士忌相同。

而谷物威士忌大多使用玉米作为原料，蒸馏时使用连续式蒸馏机。

由这两种威士忌混合而成的日本混合威士忌香味平缓，口感适中且浓厚，加水饮用酒香也不易流失，酒质恒定。

摄影/涉谷宽

净饮 Straight

最适合品尝纯粹味道的饮酒方式。与饮料交替品尝，酒味会更加突出。

●饮酒方式

净饮的趣味在于对酒香和酒本质口味的体会，就如“净饮（Straight）”的字面含义一样。

闻着酒杯中飘出的香气，细细品上一口，芳醇的味道会瞬间在口中溢满扩散。

慢慢咽入喉中，咽喉直至胸部都迅速弥漫了酒香。

这时不要急于再品，最好喝一口其他的饮料。这种被称为“Chaser（饮烈酒后喝的饮料，如水、啤酒等)”的配饮具有“追随之水”的含义，通常酒吧中会提供加冰的矿泉水。口中得到净化之后，就更能感受到酒的新鲜和香醇。

此外，喉咙和胃壁经过水的冲洗之后刺激感也能够得到缓和，同时流入胃中的威士忌也会被冲淡，从而避免醉酒。

有些地方也会将啤酒作为苏格兰威士忌的配饮，被称为“L・G（劳动组合）”。

●品味方法

期待品尝威士忌原始香醇的味道，常温时饮用最佳。若想体会美酒穿越喉咙时的快感，也可经冰箱冷藏后饮用。

为了更好地品味酒香，选择试酒杯（下图照片）最为合适。杯口较为窄小，香味不易发散。陈年佳酿一定要选择这种试酒杯去体会那令人迷醉的味道。

由于酿制时间不同，威士忌的口味也会产生微妙的变化，品味不同的口感也是一件十分有趣的事情。

净饮时为避免酒香挥发可盖上盖子

没有杯盖的时候，可使用杯盘来代替。在自己家中品味的时候，也可以使用托盘等工具来抑制酒香的挥发。

EQUIPMENT 准备物品

威士忌

净饮酒杯

INGREDIENTS 享受净饮时的材料及用量

威士忌……………………………………………… 45ml

METHOD 美味的制作方法

在净饮酒杯中倒入威士忌。

将水倒入大玻璃杯中，做成配酒饮料。

兑水 Twice Up

水与威士忌等量混合的饮酒方式。要点是晃动酒杯使酒香散开后再饮用。

●饮酒方式

兑水（Twice up）是品味酒香的一种方法，使用常温水即可。若使用冷却水，香味就难以得到突出。并且不要使用自来水，而要选择矿泉水。若对水质比较挑剔的话，选择与酿造威士忌同一产地的天然水最好不过。

●品味方法

这种兑水的方法大多是在调酒师品酒时使用的。通常会使用试酒杯，没有试酒杯时用葡萄酒酒杯也可以。

有人认为想要深入体会威士忌的本质味道及香气，这种兑水法比净饮更佳。原因是在经过1:1 的等量配比之后，40°的威士忌酒精度就下降到了20°，这种状态下最能够品味到酒香。此外通过兑水，净饮时舌头上猛烈的麻痹感也不会出现，口感更加鲜明。

在酒吧中，对于初次品尝的威士忌，人们大多会选择这种兑水的方法来尝试，并且要轻轻地晃动酒杯使酒香散开出来之后再饮用。

酒精度数为60°左右的桶装威士忌就不适合使用这种方法来品饮了，这种桶装酒净饮时品味更佳。40°左右的威士忌可通过兑水的方式来享受。

EQUIPMENT 准备物品

威士忌

试酒杯

天然水

INGREDIENTS 享受兑水时的材料及用量

威士忌……………………………………………… 30ml
天然水……………………………………………… 30ml

METHOD 美味的制作方法

1
在试酒杯中倒入威士忌。

注入与威士忌等量的常温水。

轻轻晃动酒杯，使水与威士忌充分混合后再饮用。

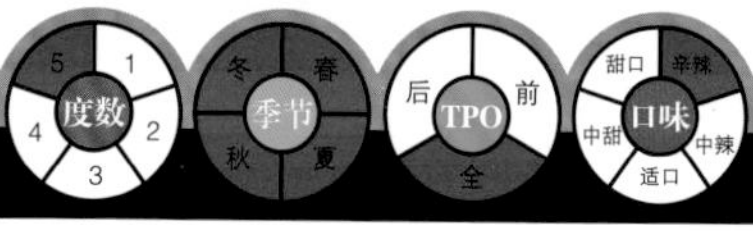

加冰 *On the Rock*

在冰饮酒杯中倒入威士忌，轻轻混合后饮用。“陈年佳酿”最好选择这种加冰的方式来品尝。

●饮酒方式

一大块冰与若干块碎冰相比融化的速度会更慢，而且没有棱角的冰块似乎更难以融化，因而圆球形冰越来越受到人们的欢迎。另外由于“Rock”，即“岩石”之义，也有许多人从这个角度考虑会经常选择岩石形冰块。

●品味方法

悠闲的时光里，细细品味冰饮酒杯中逐渐变得淡薄的味道，会十分享受。酒吧中也静静地弥漫着时尚的气息。

通常在加冰饮用时无须再搭配其他饮料，但也可依照个人喜好选择配饮。

微晃酒杯，不断加速融化的冰块轻轻触碰杯壁时所发出的声响，也会带给人愉悦的美感享受。

EQUIPMENT 准备物品

威士忌

冰饮酒杯

冰块

INGREDIENTS 享受加冰时的材料及用量

威士忌……………………………… 45ml
大块冰……………………………… 1块

METHOD 美味的制作方法

在冰饮酒杯中放入一大块冰。

倒入威士忌。

轻轻混合。还可根据个人喜好选择配饮。

探寻威士忌名称的由来也是一大乐趣

威士忌的名称大多会使用地名或者创立者的名字。此外也有诸如“黑王子（Black prince）”或“安妮女王（Queen Anne）”等被冠以王侯贵族姓名的酒类。一些酒名中也融入了造就者的思想和智慧。深入探寻酒名的由来，能够对酒的味道有更加深刻的体会。

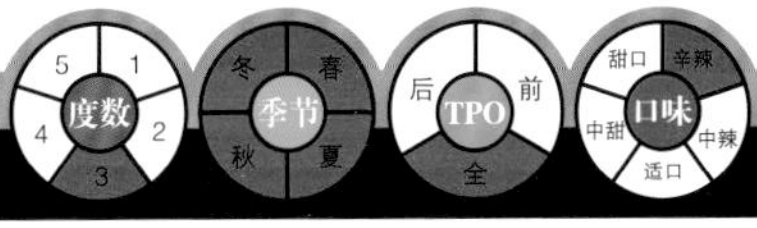

加水 *Whisky & Water*

威士忌与水以1:3或1:4的比率混合。高品质威士忌，配水之后也依然美味。

●饮酒方式

威士忌与水以1:3或1:4的比率混合最为理想。可根据个人喜好调兑出美味饮品，是加水方法的优势所在。也有的人特意加水使酒味转淡，借以畅饮数杯。

如果是不擅长饮酒的人，考虑到第二天的日程安排及身体状况，选择这种加水的饮酒方式就会便利许多。

●品味方法

选择加水的方法时对水质的选择十分注重。不要使用自来水，而应选择矿泉水。

矿泉水也有软水和硬水之分，这两种水质有着微妙的差别。水质过硬矿物质成分的味道就会突显，因此建议选择中软水。

使用酿造威士忌时所用的水来搭配最为理想，酒的味道也会更加鲜美醇香。

多数情形下水是在冷却之后被使用的。这是因为温度较低冰块更不易融化。

有人担心威士忌在加水之后很难品味到她真正的原始美味，其实加水后口味不佳的威士忌，即使净饮或加冰也同样不会美味。真正优质的威士忌在与水混合之后同样也会口感香醇醉人。

EQUIPMENT 准备物品

威士忌

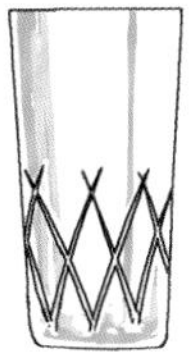
大玻璃杯

冰块

冰镇天然水

INGREDIENTS 享受加水时的材料及用量

威士忌	45ml
冰镇天然水	适量
冰块	适量

“加水”成为世界酒吧中的通用语言。

METHOD 美味的制作方法

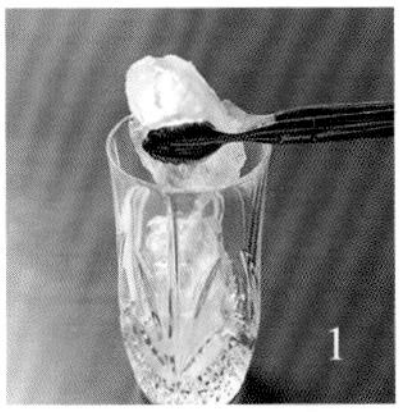

在大玻璃杯中加入冰块。

倒入威士忌。

加水。

使用汤匙或搅棒混合均匀。

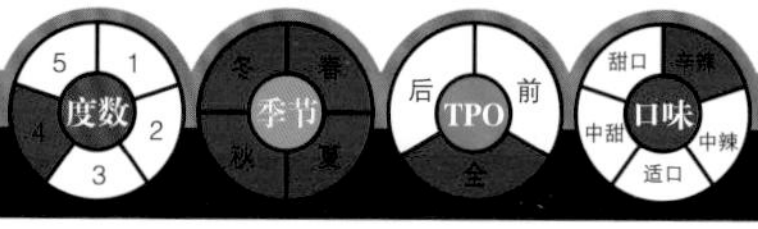

漂浮 Float

利用不同比重使威士忌浮于水上的饮用方法。可通过4种方式来享受。

●饮酒方式

如“漂浮（Float）”本身的含义，指的是威士忌漂浮于水面之上。这是由于威士忌的比重比水要轻。

这种二层式的漂浮饮品可以选择净饮、加冰、加水或者与其他饮料配饮这4种方式来享用。

一杯之中能够品尝到两种截然不同的风味也是一件十分有趣的事情，因此要避免频繁搅动。

●品味方法

威士忌与水的比例选择在1:3或1:4时最为理想，也可以不加冰块。这个时候可以选择净饮、兑水、加水或者搭配其他饮料的方式。使用试酒杯或葡萄酒酒杯均可。此外若用苏打水来制作漂浮饮法也会别有一番风味。

漂浮时所使用的威士忌选择酒色较浓的类型，效果会更加突出。

EQUIPMENT 准备物品

威士忌　大玻璃杯　冰镇天然水　冰块

INGREDIENTS 享受漂浮时的材料及用量

威士忌…………45ml
冰镇天然水…………适量
冰块…………适量

METHOD 美味的制作方法

在大玻璃杯中加入冰块。

倒水。

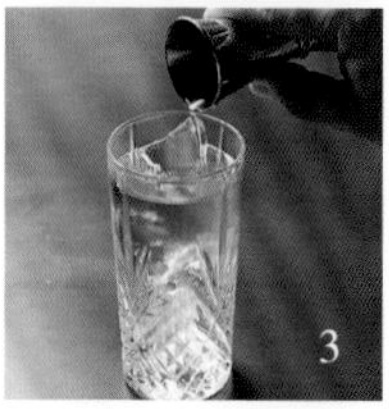

一点一点注入威士忌，使之浮于水面之上。

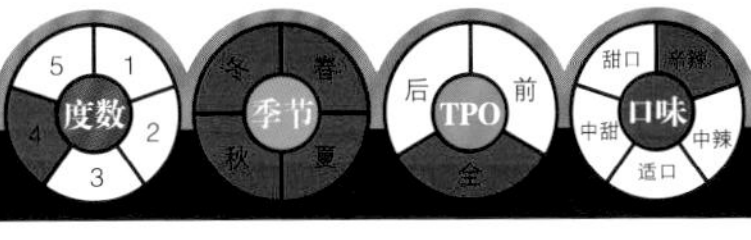

兑水加冰 *Half Rock*

兑水（Twice up）之后再加入冰块的饮用方法是近年来也逐渐受到女性青睐的人气饮酒方式。

EQUIPMENT 准备物品

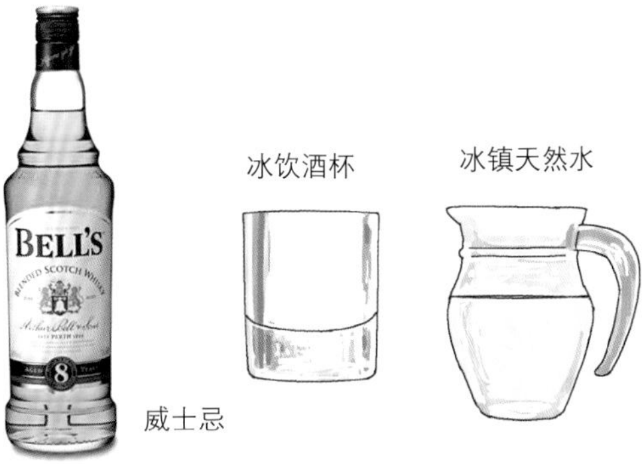

●饮酒方式

在悠闲的时光中慢慢饮用，静静地感受威士忌的口感变化。

●品味方法

在较浓的加水威士忌或者等量兑水威士忌中加入冰块饮用即可。

使整体浓度淡至原来的六成，大约是界于加水和加冰之间的浓度。

这种兑水加冰的方法可以降低酒精浓度，是冰饮方式中能够带给人愉悦享受的一种方法。

威士忌加冰的饮法颇具时尚的味道，但不擅酒力的人最好不要直接尝试。在酒吧等场合中，这种饮酒方式也不太适合女性选择。这个时候兑水加冰的方法更值得推荐，与直接加冰相比酒味会清淡许多，更有利于健康，同时又不失时尚，近年来愈加流行。

INGREDIENTS 享受兑水加冰时的材料及用量

威士忌	45ml
冰镇天然水	45ml
冰块	适量

METHOD 美味的制作方法

1 在冰饮酒杯中放入大块冰。

2 倒入威士忌。

3 加水。

4 使用搅棒轻轻混合。

能够令酒精度数降低的加冰饮酒方式。

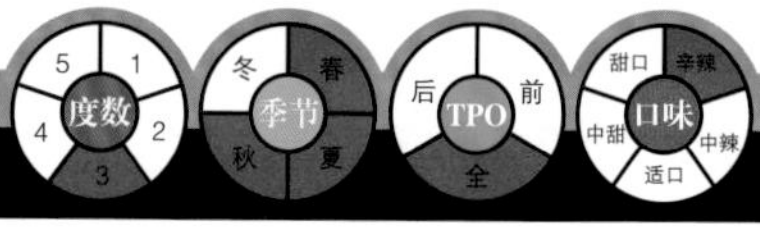

开波酒 *Highball*

爽快刺激的碳酸饮品最适合夏季饮用。最初的一杯人们多会选择这种开波酒。

●饮酒方式

“Highball”实际上是鸡尾酒的一种调和方式，不只是威士忌，其他烈性酒也经常会搭配苏打水来饮用。

如何更好地搭配苏打水呢？这其中也有窍门。那就是不直接将苏打水倒于冰块之上，而是由玻璃杯的边缘静静地注入。这样一来威士忌与苏打水自然融合，只使用搅棒轻轻混合一下就可以了。反之，若将苏打水注于冰块之上，碳酸气会很快消失。

在使用搅棒混合的时候，自下而上轻轻搅动1~2次即可。次数过多苏打水中的气体就会减少。而如果想减少碳酸气，也可以增加搅拌的次数。

●品味方法

无论任何季节都能够享受这种饮酒方式，特别推荐在夏季选择。碳酸饮料的清凉感能够使燥热的身心恢复平静。在酒吧等场合中，第一杯酒可以不选择啤酒，而先来一杯加汽水的开波酒。看到身边的朋友们都表现出那种畅快享受的神情，自己也会十分开心。在家中制作这种饮品时最好使用大平底玻璃杯，多配一些苏打水感觉会更加清凉爽快。

有关“Highball”这一名称的由来有许多种说法，苏打水的气泡漂浮在杯中的样子似乎更能够让人们联想到这个称谓。事实上“Highball”只是个俗称，它的正式名称为“威士忌和苏打水（Whisky and Soda Water）”。

EQUIPMENT 准备物品

威士忌

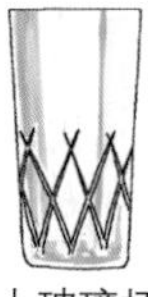
大玻璃杯

冰镇苏打水

冰块

INGREDIENTS 享受超级开波酒时的材料及用量

威士忌	45ml
冰镇苏打水	适量
冰块	适量

美国的人气Highball“7+7”

使用美国的混合威士忌“施格兰七王冠（Seagram's Seven Crown）”与碳酸饮料七喜调和而成。这种甜口型威士忌饮品成为了美国人的日常选择。

METHOD 美味的制作方法

1 大玻璃杯中放入冰块。

2 倒入威士忌。

3 加满苏打水。

4 用搅棒轻轻混合，注意次数不要过多。

像小球一样的碳酸气泡一串串地浮至水面。

超级开波酒 Super Highball

开波酒搭配悬浮麦芽威士忌的饮酒方式。单一纯麦威士忌的酒香瞬间散开。

●饮酒方式

使用混合威士忌制作成的开波酒上，再悬浮注入单一纯麦威士忌（Key Malt Whisky）的威士忌达人们的饮酒方式。

●品味方法

许多饮酒达人都会去尝试不同酒类与单一纯麦威士忌相混合的味道，从中发现最适合自己的组合方式，制作出独创的威士忌饮品。

EQUIPMENT 准备物品

混合威士忌

单一纯麦威士忌

大玻璃杯

冰镇苏打水

冰块

METHOD 美味的制作方法

1 在大玻璃杯中放入冰块。

2 注入混合威士忌。

3 加入8分满苏打水。

4 使用搅棒轻轻混合。

5 悬浮注入单一纯麦威士忌。

INGREDIENTS 享受兑水加冰时的材料及用量

混合威士忌	45ml
单一纯麦威士忌	30ml
冰镇苏打水	适量
冰块	适量

先使用尊尼获加（Johnnie Walker）制作出开波酒，再悬浮注入作为麦芽威士忌品种之一的单一纯麦威士忌“莱根法尔林（lagavulin）”，做成超级开波酒饮品。

了解有关单一纯麦威士忌的酿造背景，会使超级开波酒更具魅力。

尊尼获加（Johnnie Walker）中所用的纯麦威士忌出自艾莱岛的莱根法尔林酿酒厂以及斯凯岛的大力斯可酿酒厂。百龄坛（Ballantine）出自艾莱岛（Isle of Islay）的拉佛伊哥酿酒厂以及奥克尼群岛的斯卡帕酿酒厂。芝华士（Chivas Regal）出自斯佩赛德（Speyside）的格兰威特酿酒厂。白马（White horse）与尊尼获加（Johnnie Walker）同样出自莱根法尔林酿酒厂以及斯佩赛德的格兰爱琴酿酒厂。

选择艾莱岛出产的纯麦威士忌来搭配，酒味会更加纯正浓郁，也更能够体会到超级开波酒中的绝妙味道。

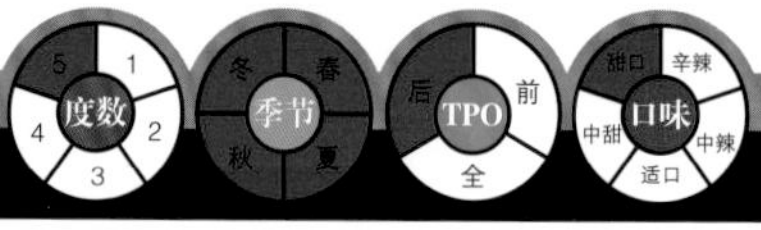

锈钉 Rusty Nail

加入威士忌利口酒的饮用方法。口味甜香最适合用作餐后酒。

●饮酒方式

杜林标（Drambuie）是以苏格兰威士忌为基酒，融合蜂蜜以及秘传香料的香甜利口酒。

她与苏格兰威士忌搭配十分合适，能够制作出个性丰富活跃的鸡尾酒饮品。喜好甜香口味的话，还可多配一些杜林标酒饮用。

●品味方法

锈钉（Rusty Nail）的意思就是指生锈的铁钉。这一称谓似乎是从酒色而来，但在俗语当中锈钉也有着“陈旧物品（陈酿）”的意思。

杜林标现在多产自苏格兰斯凯岛的麦建农酿酒公司，而原本它是在英国皇室中代代相传的。

之所以会流传至民间，是由于1745年发生了有关王位继承的叛乱。举兵而战的查尔斯爱德华王子在战斗中失败，而后被悬赏捉拿。此时麦建农家族伸出了援助之手，使得王子顺利逃至法国。作为答谢，王子将杜林标酒的酿造方法传授给了麦建农。

使用这种高贵利口酒调配的锈钉饮法，最适合打发无聊的时光；同时也很适合作为读书、思考或者餐后期待甜香口味时的餐后酒。有机会一定要尝试一下。

EQUIPMENT 准备物品

INGREDIENTS 享受锈钉时的材料及用量

苏格兰威士忌	30ml
杜林标酒	20ml
冰块	适量

METHOD 美味的制作方法

在冰饮酒杯中放入冰块。

注入苏格兰威士忌。

注入杜林标酒。

使用搅棒搅动3~4次。

产自苏格兰的不同种类的酒搭配融合，效果会异常出色。

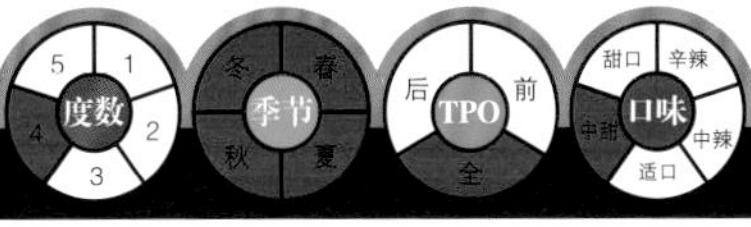

威士忌姜酒 *Whisky Mac*

姜汁酒与威士忌以1:2的比例调配的饮酒方式。由英国陆军麦克上校发明的著名鸡尾酒。

●饮酒方式

威士忌姜酒是在19世纪由驻扎于印度的英国陆军上校麦克唐纳所发明的。

选择麦芽威士忌来调配会比混合威士忌更为适合，特别是使用具有泥炭香味的艾莱岛麦芽威士忌来调配最为合适。在英国一般在常温下饮用。

●品味方法

艾莱岛产麦芽威士忌以潮湿的海藻香味为特征。这是由于艾莱岛上的8家蒸馏酒厂全部都建造在海边。这8家蒸馏厂分别为阿德贝克、柯尔耶拉、布拿哈芬、布鲁易析拉迪、波摩尔、拉格阿芙林、拉弗洛伊克以及基尔库曼。最初并没有基尔库曼，而是包括爱伦港在内的8家蒸馏酒厂。但是爱伦港在1983年时就关闭了。相隔124年之后，于2005年又建成了基尔库曼，时至今日这8家蒸馏酒厂依然保持着艾莱岛的原始味道。

艾莱岛麦芽威士忌的个性就是具有碘及烟熏的特殊味道。在知名的混合威士忌当中，据说至少有3%～5%是经过再混合的。

姜汁酒是18世纪中期诞生于英国的一种利口酒。将绿姜根捣碎并使之干燥后，浸泡在白葡萄酒当中。甜美而温和的口感很受年轻人的喜爱。

EQUIPMENT 准备物品

威士忌

姜汁酒

冰块

冰饮酒杯

INGREDIENTS 享受威士忌姜酒时的材料及用量

威士忌	40ml
姜汁酒	20ml
冰块	适量

METHOD 美味的制作方法

1 在冰饮酒杯中放入冰块。

2 注入苏格兰威士忌。

3 倒入姜汁酒。

4 轻轻回旋搅动。

英国陆军上校使用英国特产的不同酒类调制而成的鸡尾酒饮品。

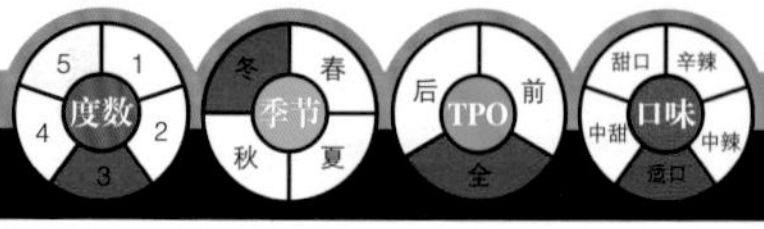

热威士忌托地 *Hot Whisky Today*

寒冷的日子里享受一份温暖愉悦——微甜威士忌与热水融合。

●饮酒方式

托地指的是在玻璃杯中加入砂糖和烈酒，再混合常温水或热水的一种酒类饮品。托地的发源地不详，但一直深受人们喜爱。

热威士忌托地是在苏格兰的严寒之中诞生的一种鸡尾酒。除了柠檬，其中还可加入肉桂、丁香或者肉豆蔻等香料，使得人们能够在浓香的气氛中尽情享用。

●品味方法

加入蜂蜜的饮用方法，在寒冷的冬季可以使身体由内温热，酒的香味也会更加浓郁，成为冬日里不可缺少的饮品之一。

人们很早就认为蜂蜜与酒能够很好地搭配，甚至还有人酿造出了蜂蜜酒。蜂蜜当中除维生素之外还含有丰富的钾、铁以及其他矿物质成分，并且很容易被人体吸收。甜味成分只有砂糖的60%且不含卡路里，甜度只有砂糖的1/3，因而被视为能够避免代谢综合征的有益食品。

甜度根据自身喜好来调整，风味却不会因此受到影响。就算对自己的肥胖体型较为在意，多加一些蜂蜜也无妨。

EQUIPMENT 准备物品

INGREDIENTS 享受热威士忌托地时的材料及用量

苏格兰威士忌	45ml
蜂蜜	10ml
柠檬汁	10ml
方形砂糖	1块
热水	适量
柠檬（切片）	1片

METHOD 美味的制作方法

1 在玻璃杯中注入苏格兰威士忌。

2 加入蜂蜜。

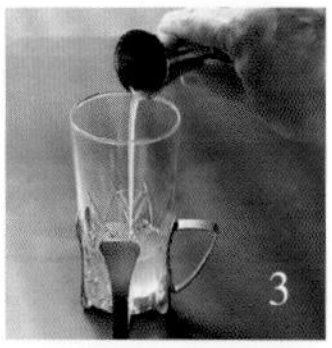
3 倒入柠檬汁。

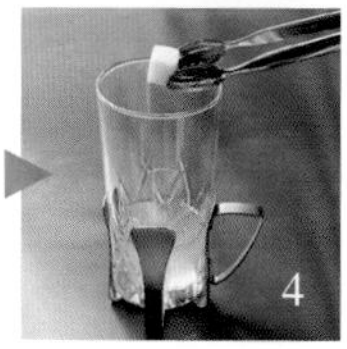
4 加入方糖。

5 倒入热水。

使用搅棒将砂糖捣碎后混合，再用柠檬切片来装饰杯边。

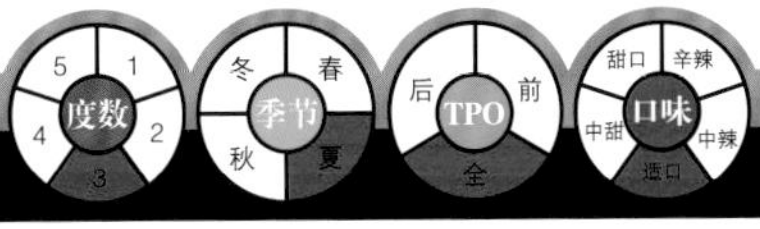

波本·可乐 Bourbon Coke

波本威士忌与可乐勾兑。可乐的畅爽感与波本威士忌的甘甜香气结合会使美味倍增。

●饮酒方式

波本威士忌的特有香味被掩盖，转变为清爽淡质的饮用口感。选择这种饮酒方式，就算不擅饮酒的人也能够充分体味到波本威士忌的醉人魅力，不经意中就会畅饮数倍，一定注意不要喝醉。

波本威士忌和可口可乐都是产自美国的饮品。但实际上在美国不同的酒类品种与可乐搭配也会有不同的称谓。丹尼杰克（Jack daniels）与可乐相结合就成为了“杰克&可乐（Jack &coke）”。淡质波本威士忌与可乐相配最为合适。

●品味方法

实际上这款鸡尾酒也可以被认为是“自由古巴（Cuba Libre）”的波本威士忌版。想要好好体验一下正宗的美国风味，就一定要尝尝这款鸡尾酒的味道。

与室内相比，户外烧烤时搭配饮用感觉会更加惬意。

EQUIPMENT 准备物品

波本威士忌

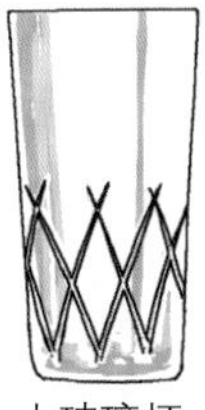
大玻璃杯

冰镇可口可乐

冰块

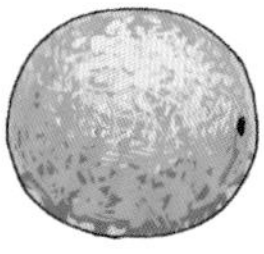
酸橙

INGREDIENTS 享受波本可乐时的材料及用量

波本威士忌	45ml
冰镇可口可乐	适量
酸橙（切瓣）	1/8个
冰块	适量

METHOD 美味的制作方法

1 大玻璃杯中放入冰块。

2 注入波本威士忌。

3 倒入可口可乐。

4 用1/8个切瓣酸橙装饰。

5 轻轻混合。

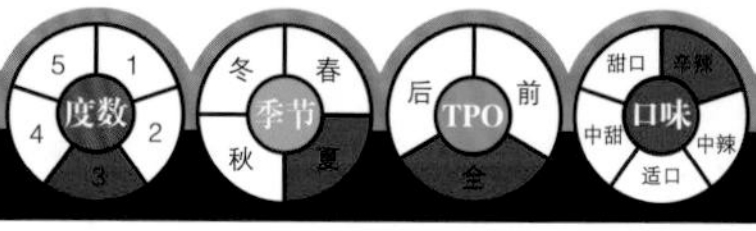

波本之雾 Burbon Mist

一同品味细碎的冰块与波本威士忌。清凉润喉的波本酒成为夏日里的绝妙体验。

●饮酒方式

这款饮品以前曾被称为“Frappe（冷冻饮料）”，注入烈酒的一瞬间，玻璃杯外侧杯壁上即会呈现出雾气，于是后来就渐渐被人们叫做了“Mist（雾气）”。应待雾气形成，波本威士忌充分冷却之后再开始饮用。若没有碎冰，可用毛巾包裹冰块由上方敲碎代用。

●品味方法

可根据个人喜好撒入一些柠檬皮。柠檬皮就是削剥成小块的柠檬外层皮，剥下之后撒入酒中，借以增加香气。剥皮时若太过用力皮中的油性成分就会渗出，对口味造成影响，因此值得注意。对于职业调酒师来说，实际上这也是一项很难的技术。

加冰感觉太刺激，而加水又感觉不够味道，那么选择这款人气清凉鸡尾酒最合适不过。当然使用波本以外的威士忌也可以。可选择自己钟爱的威士忌类型。

此外还可尝试一下选择威士忌以外的烈性酒来制作，你也一定会有更加新鲜的感受。

波本酒为何取名为“波本（Burbon）”呢?

作为美国威士忌代表的波本威士忌，其名称来源于酒的生产地美国肯塔基州的波本郡。波本一词在法语中被写为“Bourbon（波旁）”，是16-18世纪统治法国的王朝名称。波旁王朝的路易十六支持美国的独立战争，为击退英军作出了巨大贡献。为称颂这一功绩，就在肯塔基州留下了“波本”这一称谓。

METHOD 美味的制作方法

在冰饮酒杯中放入碎冰块。

注入波本威士忌。

使用搅棒上下轻轻搅动。

EQUIPMENT 准备物品

波本威士忌

冰饮酒杯

碎冰块

INGREDIENTS 享受波本之雾时的材料及用量

波本威士忌	45ml
碎冰块	适量

薄荷冰酒 *Mint Julep*

薄荷的清凉感与波本酒的味道巧妙融合。真想一边迎着肯塔基的微风，一边手握赛马票开怀畅饮。

●饮酒方式

薄荷的芳香让人感觉到初夏的气息，这是一款诞生于美国南部的清爽型鸡尾酒。制作要点在于使用新鲜的薄荷叶。这里的冰酒指的就是甜药酒（Julep），原本指的是喝过苦药之后，用来清口的甜味饮料。后来就逐渐演变成了鸡尾酒的一种。碎冰块融化之后酒味就会转淡，可一边用吸管搅动一边饮用。

●品味方法

甜药酒（Julep）最早是出现在美国南部农场的一种加入了薄荷叶子的饮品。除波本威士忌以外，甜药酒还可使用其他烈性酒来制作。其中将波本威士忌作为基酒的饮品最受欢迎。特别是使用波本古早威士忌（Early Times）制作的薄荷冰酒（Mint Julep），在每年5月份第一个星期六开赛的肯塔基赛马中成为了必不可少的饮品。比赛一周前这里就开始了热闹的庆典表演，波本古早薄荷冰酒成为了庆典之中的主要饮品。

波本古早威士忌（Early Times）和美格波本威士忌（Maker's Mark）均推出了调以薄荷香味的薄荷冰酒（Mint Julep）。融合碎冰，细细品尝这正宗的美味吧。

EQUIPMENT 准备物品

INGREDIENTS 享受薄荷冰酒时的材料及用量

波本威士忌	60ml
糖浆	10ml
橙子（切瓣）	1/8个
碎冰块	适量
薄荷嫩叶	6~7片

METHOD 美味的制作方法

在加入碎冰的大玻璃杯中注入威士忌。

加入6~7片薄荷嫩叶。

使用酒吧汤匙将叶子捣碎。

加入糖浆。

继续捣碎薄荷叶混合。

将薄荷叶细细地捣碎，使之散发出香气是提升口味的窍门。

适合与威士忌搭配的料理

威士忌的五大产地是苏格兰、爱尔兰、美国、加拿大和日本。每一个品种都具有鲜明的地域风格，并且色香味俱全。此外，威士忌还可称得上是能够搭配各种美味佳肴的神奇之酒。

薄纸吉列（炸肉排）

作为银座名产而深受人们欢迎的薄纸吉列，因肉排如纸一样薄，极易入口而得名。带有爽辣的胡椒和芝麻味道，香味扑鼻。甜辣番茄酱的酸甜味道也很具有亚洲特色。

材料（2人份）

猪里脊肉(切薄片)……… 2块
<材料A>
小麦粉………………… 4大汤匙
鸡蛋……………………… 1个
蒜末……………………… 适
牛奶……………………… 70m
谷物芥末…………… 1大汤匙
黑胡椒…………………… 适量
盐………………………… 适量
面包粉…………………… 适量
色拉油…………………… 适量
白芝麻……………… 1小汤匙
西芹碎末………………… 适量
生菜、西红柿…………… 适量
<甜辣番茄酱>
豆瓣酱…………… 1/2小汤匙
醋…………………… 2大汤匙
砂糖………………… 2大汤匙
番茄汁……………… 1大汤匙
大蒜碎末………………… 适量
年卜拉（鱼露）…… 1大汤匙

制作方法：

①在煎锅中放入甜辣番茄酱材料并加热使之沸腾。
②在<材料A>中加入少量水后搅拌。
③将②在猪里脊肉上薄薄涂抹一层，撒上面包粉。
④用色拉油煎炸③，之后切成易入口的块状，裹上①的甜辣番茄酱。
⑤盘中垫放上生蔬菜，将④中的炸里脊肉一一摆放在上面，并撒上芝麻、西芹碎末，再用西红柿、水田芥等装点。

用醋肉味沙司代替甜辣酱也会十分美味。可出锅后即食，放凉之后食用更加入味。

回味无穷的威士忌能够给任何料理增添光彩

大虾鳄梨芥末沙拉

被称为“森林黄油”的鳄梨与大虾搭配做成的奢华沙拉。装饰在顶部的盐腌鲑鱼子的鲜亮颜色也十分诱人，芥末的风味使蛋黄酱的味道更加突出。

人们认为鳄梨带有些许肥鲔鱼的味道。根据个人喜好洒些日式调味汁也很美味。

材料（1人份）

鳄梨	1/2个
大虾	3只
洋葱	适量
生菜	适量
小红萝卜	1个
蛋黄酱	2大汤匙
番茄汁	1大汤匙
芥末	1小汤匙
盐腌鲑鱼子	适量

制作方法

①将大虾煮熟。
②切半的鳄梨皮备用，果肉切成适合入口的大小。
③蛋黄酱与番茄汁、芥末混合。
④将①、②与切碎的洋葱混合后加入③。
⑤将拌好的沙拉盛放到装有鳄梨的容器中，顶部用盐腌鲑鱼子装饰。
⑥盘中再用生菜及小红萝卜装饰，摆放上⑤。

配酒风格奶酪面包

一边畅饮一边随手拿食的经典配酒小吃。夹有奶酪和咸牛肉的法式面包带给人永不厌倦的美味感受。咖喱口味也是不错的选择。

制作方法

①将法式面包的两端切下，成为3等份，取出面包内芯。
②咸味黄油和奶酪放在微波炉内烤软，与咸牛肉混合均匀。
③将②夹入①中，避免空气进入，放入冰箱内冷藏2-3个小时，使之凝固。
④将③切成1cm厚的薄片，与干果一起盛入盘中。

材料（4人份）

咸牛肉	190g
咸黄油	200g
加工干酪	400g
法式面包	1个
干果	适量

上述材料中加入带有咖喱粉的辛辣味面包也十分美味。

使用威士忌制作的鸡尾酒
“格子花呢（Tartan Check）”

这是威士忌调酒大赛中获得优胜的北村聪先生的作品。由此也证明了将威士忌制作成鸡尾酒会十分美味。鸡尾酒的红色与黄瓜的绿色搭配显现出炫彩的格子效果，赢得一片喝彩。

苏格兰威士忌（Scotch Whisky）	30ml
马丁尼苦酒（Martini Bitter）	30ml
柠檬汁（Lemon Juice）	10ml
汤力水	适量
柠檬（切瓣）	1瓣
黄瓜条	1条

五大威士忌品牌精选

79

●基本信息
1.制造公司名
2.原产地名
3.容量
4.酒精度数

●苏格兰威士忌（Scotch Whisky）

（单一纯麦威士忌Single Malt Whiskey）

埃德拉多尔10年

Edradour 10 years

南高地小型蒸馏酒厂继承传统工艺的手工酿造纯麦威士忌

出自1825年创办的苏格兰最小的蒸馏酒厂。那里至今依然保留着当初农民们作为副业酿造纯麦威士忌的方法和规模。酒的特点是具有果味的芳香和甜美。并且香味之中还融合有烟熏泥炭的味道以及坚果的口味。很适合加冰来享受。

1.埃德拉多尔蒸馏酒厂
2.苏格兰
3.700ml
4.40°

阿蓝10年

Arran 10 years

日产量甚微的无泥炭型纯麦威士忌

阿蓝岛上酿造的无泥炭型单一纯麦威士忌。因其精细的制造工艺使得一日生产量只有500瓶左右。在权威威士忌杂志的评选当中荣获『2007年度苏格兰最佳蒸馏酿造奖』。

1.阿蓝岛蒸馏酒厂
2.苏格兰
3.700ml
4.46°

格兰高怡10年

Glengoyne 10 years

不经泥炭熏制的酿造方法，丰富的香醇味道令人愉悦

在格兰高怡蒸馏酒厂经过10年酿造而成的高地单一纯麦威士忌。不经泥炭熏制的芳香气息，融合橡木、苹果的清新味道，饱满幼滑的口感让人留恋沉醉。

1.朗兄弟
（Lang brothers）
2.苏格兰
3.700ml
4.40°

格兰·加里奥克10年

Glen Garioch 10 years

花的芳香与干纯麦芽的味道

高地之上历史最悠久的蒸馏酒厂之一。使用软质天然水浸泡麦芽，并用干酵母使之发酵之后，再经过2次细致的蒸馏。蒸馏过的酒放在波本桶和雪莉桶中配制，使各种配料取得平衡，散发出烈酒的香味。久久飘逸的余香，令人心旷神怡。

1.格兰·加里奥克
蒸馏酒厂
2.苏格兰
3.700ml
4.40°

老百龄坛

Old Ballantruan

发源于斯佩河谷深山之中的托名多尔村（Tomintoul）

品牌名称源自造酒时所使用的泉水，这是一种带有泥炭香味的纯麦威士忌。托名多尔蒸馏酒厂创建于1964年，位于斯佩河支流山谷的托名多尔村。具有微油性的纯正口感，舌尖处能够品味到柠檬以及大麦的甜香，并带有烟熏泥炭的味道。

1.托名多尔蒸馏酒厂
2.苏格兰
3.700ml
4.50°

欧肯特轩10年

Auchentoshan 10 years

具有嫩草的香气和清淡的口味，是苏格兰低地[illegible]

欧肯特轩是从低地传统的3次蒸馏当中，取出蒸馏液最优质的部分酿造而成的。其麦芽成熟较快，经过5年酿造就能够形成单一纯麦的口感。性质细腻而温和，清爽且具有水果香气。口感微甜而爽快，与其他酒类搭配也令人回味无穷。

1.欧肯特轩蒸馏酒厂
2.苏格兰
3.700ml
4.40°

格拉克丹15年

glencadam 15 years

巧克力一般浓滑醇美的口感，净饮时回味无穷

以柔滑的巧克力和太妃糖口味为特征，口感温柔而华贵。饮过之后丰富的味道依旧残留于口中，感觉回味无穷。直接净饮即可。

1.格拉克丹蒸馏酒厂
2.苏格兰
3.700ml
4.40°

格兰菲迪12年

Glenfiddich 12years

销售世界首瓶单一纯麦威士忌。让人不禁联想到芳香醉人的美丽花园。花香型代表作

单一纯麦威士忌的全球范围热潮之中，这款格兰菲迪12年是保持着世界第一销量的超人气纯麦威士忌品牌。馥郁华丽的鲜花芳香，加水之后风味更加醇美。细腻爽滑的口感让人喝过之后口留余香。超越人种和国界，出口到180个国家和地区，受到全世界人们的喜爱。其独特的三角柱式瓶身也令人印象深刻。

1.格兰菲迪蒸馏酒厂
2.苏格兰
3.700ml
4.40°

格兰花格12年

Glenfarclas 12 years

雪莉酒中浸泡水果似的醉香味道，甜味与辛辣味的绝妙平衡

奢华的金褐色。口味犹如雪莉酒中浸泡过水果一般，新鲜且散发出馥郁香气。甜美感与辛辣味达成绝妙平衡。在2006年度『单一纯麦世界杯』中荣获『最佳雪莉（桶酿）威士忌』的称号。

1.J.G格兰特
2.苏格兰
3.700ml
4.43°

百富12年

The Balvenie12 years

最初用波本桶贮藏，而后移至雪莉桶中保存，经12年酿造陈熟

在传统的波本桶中贮藏过后，再移至酿造雪莉酒的橡木桶中，经12年酿造陈熟。不同酒桶的特征相结合，丰富饱满的口感更加令人享受。带有些许红色印象的深琥珀色，配合甜美细腻的陈熟酒香，彰显出品位深沉的个性特征，雪莉酒桶的余香也令人回味。

1.百富蒸馏酒厂
2.苏格兰
3.700ml
4.40°

格兰威特12年

The Glenlivet 12 years

成为所有单一纯麦威士忌原点的完美平衡之作

最值得推荐的饮用方法是只加一块冰。①向冰饮酒杯中注入30~45ml格兰威特12年，芳香的味道令人陶醉。②加入冰块，并注入少量天然水。③轻轻摇晃杯身，使冰块微融，酒香挥散。再一次细品芳醇的味道，令身心愉悦。④时而回旋酒杯，在微妙的变化之中慢慢享受这种优雅醉人的情调。

1.格兰威特蒸馏酒厂
2.苏格兰
3.700ml
4.40°

格兰德罗那克12年

The Glendronach 12 years

甜美温柔的口感来自于『2次酿造』

高地地区著名的具有醇香口感的威士忌原酒。创建于1826年的『格兰德罗那克』蒸馏酒厂一直沿用着以往煤炭直接加热蒸馏以及木桶发酵等传统的工艺方法。这款格兰德罗那克12年的特征是经过雪莉桶酿造之后，再移至白橡木桶中进行『2次酿造』。奶油和香草的气息之中，还掺杂着些许生姜的味道。橡木桶自身的甘甜香气融合葡萄干以及柑橘的味道带给人十足享受。

1.格兰德罗那克蒸馏酒厂
2.苏格兰
3.700ml
4.40°

苏格登12年
The Singleton 12 years

香醇牛奶巧克力的幼滑口味，与香肠、火腿、奶酪搭配都很诱人

格兰·奥德是创立于1838年、沿用传统制作工艺的一家蒸馏酒厂。作为适合种植大麦的黑岛当地唯一一家威士忌酒厂，全部使用自产大麦进行纯麦威士忌酒的酿造。酒质温和爽口，还具有甜美巧克力式的幼滑感受。其纯粹的麦芽风味和杏仁糖味会给人以惊喜。与香肠、火腿、奶酪搭配十分美味。

1.格兰奥德蒸馏酒厂
2.苏格兰
3.700ml
4.40°

吉拉10年
Jura 10 years

清爽的味道适合初次品尝单一纯麦威士忌的人

出自吉拉岛上唯一的蒸馏酒厂。经高身罐式蒸馏器蒸馏后获得清爽怡人的口感。建议初次品尝单一纯麦威士忌的人士选择。

1.阿兰岛蒸馏酒厂
2.苏格兰
3.700ml
4.40°

麦卡伦12年
The Macallan12 years

麦卡伦的代表之作，雪莉的芳醇与酒质的美味达到完美平衡

伦敦哈罗斯（Harrods）精品百货店的《威士忌读本》中，这款酒可谓是单一纯麦威士忌中的劳斯莱斯级别。使用高地斯佩赛德地区最小的蒸馏器进行直接加热蒸馏，注入雪莉桶和优质橡木桶中酿造陈熟。12年这一款是麦卡伦中的代表之作，水果芳香及甘醇味道令人心旷神怡，无比享受。

1.麦卡伦蒸馏酒厂
2.苏格兰
3.700ml
4. 40°

特姆杜
Tamdhu

麦芽自给率100%的蒸馏酒厂。麦芽的原始口感令人回味无穷

特姆杜单一纯麦威士忌产自斯佩塞德水质优良地区的蒸馏酒厂。这里也是苏格兰地区唯一采用萨拉丁（Saladin）箱式制麦法（较大房间中将床铺分为四块区域，铺上大麦并由下方输送空气，同时进行搅拌的纯麦制法）的蒸馏酒厂。同时也是斯佩塞德地区唯一一所麦芽自给率达到100%的蒸馏酒厂。

1.高地蒸馏酒厂
2.苏格兰
3.700ml
4.40°

云顶10年
Springbank 10 years

有『纯麦香水』之称，香味浓郁，个性咸辣刺激

少数能够稳定供给的坎贝尔敦纯麦威士忌（Campbeltown malt），具有『纯麦香水』之称，香味浓郁。也是全麦类型当中最具咸辣个性的一款单一纯麦威士忌。

1.云顶蒸馏酒厂
2.苏格兰
3.700ml
4.46°

邦纳海贝因12年
Bunnahabhain12 years

具有最清爽新鲜的口感的艾莱岛纯麦威士忌（Islay Malt）之一

诞生自艾莱岛蒸馏酒厂中的单一纯麦威士忌。在以烟熏味为特色的艾莱岛纯麦威士忌中具有着最清淡、新鲜的口感。

1.伯恩·斯图亚特
2.苏格兰
3.700ml
4.40°
5.朝日啤酒

斯卡帕14年
Scapa14 years

温和而优雅，彰显出细腻品质

斯卡帕蒸馏酒厂位于苏格兰最北端，能够一直眺望到斯卡帕海峡的岛屿之上。单一纯麦威士忌自1997年开始陆续销售至各地。波本桶中酿造陈熟的原酒色泽金黄耀眼，散发出香草及花朵的芳香，辛辣味与天然蜂蜜交织在一起的独特口感会给人以惊艳印象。

1.斯卡帕蒸馏酒厂
2.苏格兰
3.700ml
4.40°

高原骑士12年

Highland Park 12 years

不限定饮酒方式，强韧的内在气质彰显魅力

『高原骑士12年』出自世界最北端的蒸馏酒厂。这款酒可以被看做是高原骑士系列的入门之作。个性抢眼突出，无论选择何种饮酒方式口味始终坚韧如一，魅力十足。

1.高地蒸馏酒厂
2.苏格兰
3.750ml
4.43°

洛坎多12年

Knockandour12 years

酿造时间在12年以上，色泽源自酿造陈熟时橡

苏格兰传统的斯佩塞德纯麦威士忌。精致的酿酒工艺以及厚重的口感成为酒的特征。酒标内容中不包括酿造年份，而记录有蒸馏时间以及装瓶时间，酿造年份至少在12年以上。洛坎多在木制发酵桶中酿造，酒的色泽取决于酿造陈熟时橡木桶的颜色。

1.洛坎多蒸馏酿酒公司
2.苏格兰
3.700ml
4.43°

布朗拉1981

BRORA1981/peerless collection

单一桶装原酒，经强化桶灌装而成的经典限量品

1983年关闭的蒸馏酒厂生产的数量稀少的一款纯麦威士忌，经由强化桶灌装而成限最销售。高地纯麦的鲜明个性与浓厚口味都令人回味无穷。

1.邓肯泰勒（Duncan Taylor）
2.苏格兰
3.700ml
4.54.5°

布莱尔·阿苏12年

Blair Athol 12 years

成为所有单一纯麦威士忌原点的完美平衡之作

创立于1798年的苏格兰最古老的蒸馏酒厂之一。作为『贝尔苏格兰威士忌（Bell's Scotch Whiskey）』的原酒而闻名。饮过之后口留余香。与水混合饮用甜美的口感依旧持续。加冰方式也值得推荐。

1.布莱尔·阿苏蒸馏酒厂
2.苏格兰
3.700ml
4.43°

托玛亭12年

Tomatin12 years

恰到好处的泥炭香味配合圆润纯正的饮用口感

这款酒诞生于海拔最高的蒸馏酒厂之一的托玛亭蒸馏酒厂，以其恰到好处的泥炭香味和圆润纯正的口感而为人们所知。清澈的泉水以及优质的泥炭都为获得高品质的纯麦威士忌创造了得天独厚的条件。高地产纯麦威士忌的特征就是口味纯正而丰富，带给人奢华至极的享受。

1.托玛亭蒸馏酒厂
2.苏格兰
3.750ml
4.43°

托莫尔12年

The Tormore12 years

建造于深山清流河畔的20世纪最早的蒸馏酒厂

酿造于斯佩河流域斯佩赛德地区的威士忌一般都具有着浓郁的醇香味道。托莫尔蒸馏酒厂就位于斯佩赛德地区，使用斯佩河流域清澈的地下泉水来酿造美酒。『托莫尔12年』以清爽甘甜的口味著称，具有炒杏仁和肉桂的芳香。干爽、辛辣以及柑橘味道融为一体，带给人愉悦感受。

1.托莫尔蒸馏酒厂
2.苏格兰
3.700ml
4.40°

斯特拉塞斯拉12年

Strathisla12 years

被视为芝华士（Chivas Regal）核心品牌的单一纯麦威士忌

出自于1786年创建，高地地区现存最古老的蒸馏酒厂。这里至今依然沿袭着传统的制作工艺，使用木制发酵槽和铜制蒸馏器造酒，蒸馏时依旧用煤炭直接加热。推荐的饮酒方式是净饮和加冰。融合50%左右的天然水，层次感使其醇香味道会更加饱满浓郁。

1.斯特拉塞斯拉蒸馏酒厂
2.苏格兰
3.700ml
4.43°

波特风味本诺曼克22年

Benromach 22 years Port Wood Finish

斯佩塞德地区最小的蒸馏酒厂使用波特管酿制的美酒

本诺曼克蒸馏酒厂是位于斯佩塞德地区规模最小的一家酿酒厂。这款酒是2005年6月装瓶的本诺曼克的最新产品。在长达22年的酿造时间中，会在最后的22周里使用波特管将之酿造陈熟，是能够引起人们浓厚兴趣的一款威士忌。世界上只限量生产3500瓶。

1.本诺曼克蒸馏酒厂
2.苏格兰
3.700ml
4.45°

林可伍德12年

Linkwood 12 years

堪称『纯麦香水』，浓郁的香气及咸辣味道展示出强烈的个性

林可伍德蒸馏酒厂于1821年由皮特·布朗（Peter Brown）建立。『二战』后的1945年，又由罗德里克·麦肯兹（Roderick Mackenzie）重建。每年白天鹅都会来此造访，酒厂周围的环境十分美丽，酒标上也描绘有天鹅的图案。酒味爽口浓郁，新鲜甘甜的风味之中还透着清爽畅快的酸味。建议加冰饮用。

1.林可伍德蒸馏酒厂
2.苏格兰
3.700ml
4.43°

本·尼维斯单一纯麦10年

Ben Nevis Single Malt 10 years

融合香草气息的柔和味道，奢华品质余味悠长

本·尼维斯是高地威廉要塞（Fort William）公认最古老的蒸馏酒厂之一。1825年建造在苏格兰最高的海拔1343米的本尼维斯山峰上。1989归日果（Nikka Whisky）公司所有。是使用得天独厚的清澈雪水在优美的自然环境中酿造出来的单一纯麦威士忌。特点是融合有香草气息，口味圆润饱满，品质奢华余味悠长。

1.本·尼维斯蒸馏酒厂
2.苏格兰
3.700ml
4.43°
5.朝日啤酒

皇室洛克那加12年

Royal Lochnagar 12 years

加入红糖形成浓郁的咖啡式味道

英国王室御用的优质单一纯麦威士忌。新鲜的草木香气、加入红糖之后还能够显现出咖啡似的香醇。起初口感甜美，而后又马上会感觉到酸味。与朗姆酒料理以及熏肉等搭配十分美味。

1.洛克那加蒸馏酒厂
2.苏格兰
3.700ml
4.40°

班瑞克10年

Benriach Curiositas 10 years

强烈刺激的华丽酒香中融合有烟熏的味道

使用麦芽酿造的酒液中混合有浓重刺激的香料以及泥炭味道，与其他斯佩塞德地区的纯麦威士忌相比个性更加鲜明突出。华丽的酒香以及烟熏的味道最适合搭配苏打水来饮用。

1.班瑞克蒸馏酒厂
2.苏格兰
3.700ml
4.46°

拉佛多哥10年

Laphroig 10 years

浪花拍打着酿酒仓库，严酷的环境中形成了独特强烈的个性

艾莱岛手工艺人使用泥炭熏制麦芽，而后放置在海边贮藏库中酿造成酒。陈熟之后具有爽快的泥炭香气以及强烈独特的海滩芳香。爽滑而微油性的质地也会让人联想到清新海藻的气息，余味久远。

1.拉佛多哥蒸馏酒厂
2.苏格兰
3.750 ml
4.43°

博摩尔12年

Bowmore 12 years

艾莱岛上最古老的蒸馏酒厂，大海的香气与微甜的味道融为一体

干爽的烟熏味道与柔和的果味芳香自然地融合一体，带给人最佳的平衡感受。也是威士忌代表酒品当中的优秀之作。作为艾莱岛纯麦威士忌的入门酒获得广泛好评。烟熏的味道中融合有柠檬和蜂蜜的香气，在口中回旋弥漫。黑巧克力似的香醇幼滑感受回味悠长。

1.莫里森·博摩尔蒸馏酒厂
2.苏格兰
3.700ml
4.45°

●苏格兰威士忌（Scotch Whisky）

（混合威士忌brended Whiskey）

顺风25年

Cutty Sark 25 years

在『best of the best』评比中，获得所有威士忌酒中的最高分

作为无焦糖着色清淡爽口的混合型威士忌，自1923年诞生以来，其『温和的饮用口感』在世界范围内获得广泛支持。顺风25年在2003年威士忌杂志所主办的『best of the best』评选中也获得最高分，是格兰露斯（Glenrothes）、麦卡伦（Macallan）以及格兰威特（Glenlivet）等25年长期酿造的纯麦威士忌混合而成的高级威士忌。

1.贝利·布罗斯&拉德公司
2.苏格兰
3.700ml
4.45.7°

古代氏族

Ancient Clan

托马丁（Tomatin whisky）与主要纯麦威士忌混合加水稀释后，柔和香醇的余味令人享受

古代氏族是指『自古以来的民族、家族』。将托马丁与主要纯麦威士忌原酒以及谷物威士忌原酒绝妙混合，造就出口感强烈、口味复杂而又深厚的混合型威士忌酒。加水之后温和的味道留有余香。

1.托马丁蒸馏酒厂
2.苏格兰
3.700ml
4.40°

J&B珍宝

J&B Rare

36种纯麦威士忌与6种谷物威士忌混合出水果芳香

珍宝（J&B）公司以苏格兰斯佩赛德地区蒸馏酒厂酿造的纯麦威士忌为基础，将36种纯麦威士忌与6种谷物威士忌相混合。原料中带有新鲜水果芳香，在酿造之后更加浓郁诱人。商标上的徽章描绘的是伊丽莎白女王。

1.J&B公司
2.苏格兰
3.700ml
4.40°

添宝12年

Dimple 12 years

此酒因凹陷形独特瓶身而得名

最古老的蒸馏酿酒企业约翰海格公司（John Haig）率先在世界上导入了『混合型苏格兰威士忌』的分类方法。作为古典纯麦威士忌之一的『格兰昆奇（Glenkinchie）』也成为了混合威士忌中的核心代表，以顺滑的口感和辛辣的风格而著称。加冰或加水享用均可。

1.约翰海格公司（John Haig）
2.苏格兰
3.700ml
4.43°

狄澈高地奶油

Teacher's Highland Cream

以厚重的纯麦原酒为核心纯麦含有量超高的混合型威士忌

威廉先生酿造的威士忌具有着口碑一般的品质，他也因此而被人们尊称为『苏格兰先生』。这是一款名副其实的酒类杰作，以高人气厚重的纯麦为核心，纯麦含有量超高的混合型威士忌。如『高地奶油』这个名称一样，圆润而幼滑的香味以及浓厚的酒质都会给人以满足感的享受。

1.威廉·狄澈父子有限公司
2.苏格兰
3.700ml
4.40°

芝华士12年

Chivas Regal 12 years

使用斯佩赛德地区代表性纯麦原酒混合而成的高级威士忌

以高地地区现存最古老的『斯特拉塞斯拉蒸馏酒厂』中的纯麦原酒为核心，使用『格兰威特』、『格兰格兰特』、『朗摩』、『格伦基斯』等具有个性口味深沉浓郁的原酒混合而成的高级威士忌。净饮、加冰、加水、加苏打、加绿茶或姜汁饮料等享受均可。

1.芝华士兄弟公司
2.苏格兰
3.700ml
4.40°

金铃威8年
Bell's 8 years

以5种个性纯麦威士忌为核心由40余种酒混合而成

英国最畅销的苏格兰威士忌。以具有焦糖般甜美口味的『斯佩赛德』、带有坚果式香味的『高地』等5种个性纯麦威士忌为核心，使用40余种酒类混合而成。在苏格兰也享有盛誉。举行庆祝活动时，也有使用『金铃威』来干杯的习俗。

1.亚瑟铃铛
2.苏格兰
3.750ml
4.40°

护照威士忌
Passport

仿照古罗马通行证（Passport）的酒标

以斯佩赛德地区格兰基斯（Glen Keith）蒸馏酒厂的纯麦威士忌为主混合而成。在全世界的107个国家受到广泛欢迎。商标是仿照古罗马通行证（护照）而设计的。是一种具有清淡、柔滑口感的淡质苏格兰威士忌。加冰、加水或加苏打水饮用都很适合。

1.威廉朗莫尔公司
2.苏格兰
3.750ml
4.40°

怀特·麦凯13年
Whyte And Mackay 13 years

纯麦与谷物威士忌均衡调制，口感香醇圆润

怀特·麦凯公司创立于1844年。怀特·麦凯是苏格兰混合威士忌的著名品牌之一。使用独特的『2次陈熟』制法酿造而成。口感滑润而清淡。细细品味，感觉甜味更加显著。

1.怀特·麦凯公司
2.苏格兰
3.700ml
4.40°

帝王白牌苏格兰威士忌
Dewar's White Label

世界五大人气威士忌品牌之一

以高地纯麦威士忌『阿伯费尔迪（Aberfeldy whisky）』等为中心调和而成。帝王白牌蒸馏酒厂是在1846年由『约翰·德华氏』所创立。1891年，出生在苏格兰的钢铁王卡内基将桶装的帝王威士忌献给当时的美国总统作为礼物，由此成为全美佳话并流传至今。

1.约翰·德华父子有限公司
2.苏格兰
3.700ml
4.40°

龙津
Long John

30余种陈熟纯麦威士忌与谷物威士忌原酒的混合

1825年，约翰·麦克唐纳（John MacDonald）在高地创建了蒸馏酒厂。在身材高大的苏格兰人当中，约翰也有着193cm的身高，人称高个子约翰。这款威士忌以斯佩塞德地区的托摩尔蒸馏酒厂的纯麦威士忌为核心，将30余种陈熟纯麦威士忌与谷物威士忌原酒混合。以奶油香味和芳醇的口感为特征。

1.洛克加那蒸馏酒厂
2.苏格兰
3.700ml
4.40°

皇家礼炮21年
Passport

向皇室鸣放21响礼炮以示敬意，同时也寓意着21年的酿造年份

为庆贺伊丽莎白女王的加冕仪式而特别酿制的一款威士忌。所谓皇家礼炮，是英国海军向皇室表达敬意而鸣放的21响礼炮。这21响礼炮，也代表着酒的酿造年份为21年。陈熟威士忌具有馥郁的香气以及厚重爽滑的口感。净饮、加冰均可。

1.芝华士兄弟公司
2.苏格兰
3.700ml
4.40°

百龄坛12年
Ballantine's blue 12 years

40余种精选纯麦威士忌与谷物威士忌混合而成的『香醇威士忌』

百龄坛金玺（Ballantine's Gold seal）12年瓶身上苏格兰国旗式的酒标于2008年4月进行了更改。在酿造年份上，无论是纯麦威士忌还是谷物威士忌均保证在12年以上。金玺12年在1999年度IWSC（国际酒类比赛）中荣获『高级苏格兰威士忌金奖』。

1.百龄坛公司
2.苏格兰
3.700ml
4.40°

日本威士忌（Japanese Whisky）

山崎12年

Yamazaki 12 years

高贵奢华的酒香，圆润而深邃的味道

日本最古老的山崎蒸馏酒厂于建造60周年（1984年）之际推出的一款颇具日本风格的单一纯麦威士忌。秘藏纯麦木桶之中酿造超过12年，荣获2003年ISC国际洋酒比赛ISA金奖。华丽的水果芳香以及深邃的味道都很令人回味。

1.山崎蒸馏酒厂
2.日本
3.700ml
4.43°

响30年

Hibiki 30 years

纯麦与谷物的微妙混合，三得利威士忌的巅峰之作

纯麦原酒以山崎白橡木桶中酿造32年的酒为中心，严格挑选30年以上的酒液，谷物原酒也基本挑选30年以上的类型来加以混合，灌装在30个切面的奢华水晶瓶当中。甘甜的香味、芬芳的花香，华丽的气质自然显现。口感柔滑、酒质醇厚，木桶味道十分浓郁，余味悠长。

1.山崎蒸馏酒厂/白州蒸馏酒厂
2.日本
3.700ml
4.43°

单一纯麦余市12年

yoichi 12 years

陈熟木桶的香味与温和的泥炭气息令人倍感愉悦

在日果（Nikka Whisky）的发源地余市蒸馏酒厂中，严格挑选出的酿造期在12年以上的纯麦威士忌。木桶陈熟的香气、温和的泥炭气息以及长久丰富的口感都成为其特征。

1.日果
2.日本
3.700ml
4.45°

竹鹤17年

Taketsuru 17 years

纯麦与谷物威士忌的完美融合之作

经过17年的长期酿造，实现甘甜芳醇的饮用口感。严格精选出来的纯麦与谷物原酒实现完美融合，奢华飘散的酒香及味道带给人愉悦感受。酒瓶的形状像一只伫立在北方大地上的美丽仙鹤，表现出柔美优雅的清新姿态。

1.日果威士忌
2.日本
3.700ml
4.43°
5.朝日啤酒

竹鹤21年

Taketsuru 21 years

奢华陈熟的香味及酒质长久持续，余味悠长

以日果威士忌的创始人（竹鹤政孝）的名字命名的一款威士忌。具有成熟果实的馥郁香气以及华贵陈熟的味道。润滑细腻的口感显露出清爽高雅的气质。酒质醇厚长久留香。

1.日果威士忌
2.日本
3.700ml
4.43°

轻井泽单一纯麦17年

karuizawa 17 years

日本产第一款纯麦威士忌，曾荣获国际性洋酒比赛大奖

1976年作为日本产首款纯麦威士忌上市以来，『轻井泽』一直不断追求『木桶酿造的丰富味道』。作为基酒的大麦以最优良的品种『千金一诺（Golden Promise）』为主。在白橡木的雪莉桶中酿造陈熟。是荣获ISC金奖等众多国际性奖项的高级威士忌。适合净饮享受。

1.轻井泽蒸馏酒厂
2.日本
3.700ml
4.40°

白州18年

Hakushu 18 years

净饮享受最佳。获得世界承认的日本单一纯麦威士忌

严格挑选18年以上酿造陈熟的纯麦威士忌混合而成的单一纯麦威士忌。在森林仓库中长期贮藏的纯麦威士忌具有独特的水果及干草气息，复杂而深邃的口味，干爽而柔滑的口感。余香之中还融合有烟熏的味道。在2006年、2007年国际酒类比赛中荣获金奖。

1.白州蒸馏酒厂
2.日本（山梨）
3.700ml
4.43°

富士山麓单一纯麦18年

Fujisanroku 18 years

富士山麓自然环境中诞生的日本单一麦芽威士忌

『富士山麓』品牌中的超级奢华种类。在富士山麓的自然环境中孕育而生，口味柔和的单一纯麦威士忌。让人联想到热带水果和洋梨的甘甜，香味之中还透着小甜饼、香草的芳香以及泥炭的味道。建议加冰或净饮。

1.富士御殿场蒸馏酒厂
2.日本
3.700ml
4.43°

●美国威士忌（American Whisky）

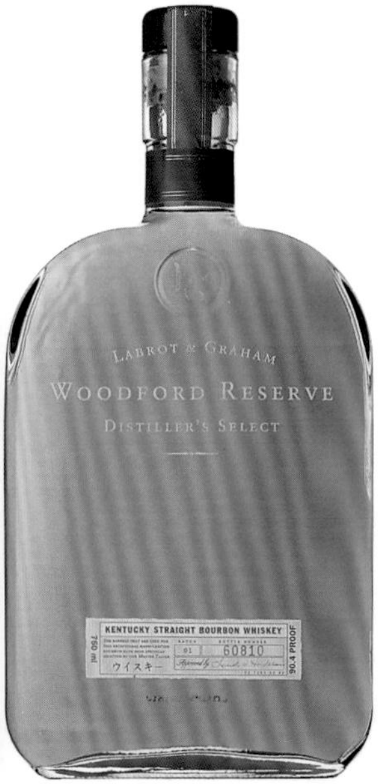

活福珍藏

Woodford reserve

具有柔和丰润酒香的少产波本酒

出自肯塔基州最古老的蒸馏酒厂，少量生产的波本酒品牌。为追求完美的酿酒品质，只从威士忌原酒中严格挑选，将高品质与传统风味相融合，上市之后获得广泛赞誉。是著名的肯塔基赛马中的正式用酒。柔和而丰润的香气之中透出橡木材质的清新味道。是浓淡适中的高级威士忌品牌。

1.Labrot & Graham 蒸馏酒厂
2.美国
3.750ml
4.45°

J·T·S布朗6年

J.T.S Brown 6 years

约翰、汤普森和斯托利特3人于1855年创建

J·T·S布朗6年是1855年布朗家族在肯塔基州酿制的传统的波本威士忌。首个出口国家是日本。酒名之前的J·T·S是该酒的创始人约翰、汤普森以及斯托利特3人名字的首字母。

1.布朗家（Brown）
2.美国肯塔基州
3.700ml
4.40°

J·W·丹托

J·W·dant

4年酿造陈熟酒质醇厚，具有木桶的香气

采用多种优秀波本威士忌的制造方法，自酸性糖化醪中蒸馏而出，被冠以『J·W·丹托』名称的混合型威士忌。经过4年酿造陈熟，特征是带有浓郁木桶香气，口感醇厚。

1.天堂山公司
2.美国肯塔基州
3.700ml
4.40°

黄石7年

yellowstone 7 years

深焦糖色木桶中酿造陈熟，演变为美丽的红宝石色调

将材质较为厚重的木桶烘烤成深焦糖色用作酿酒，这是一款被人们称之为具有『最美红宝石色调』的波本酒。清爽而芳醇的味道出自黄石独特的熟烂麦芽（Mellow Mash）制法，由此实现独特纯粹的个性风格。

1.Luxco
2.美国
3.750ml
4.45.5°

古早黄标

Early times

林肯就任总统时诞生的一款经久畅销波本酒

诞生于1860年，继承优良传统，以制造优秀波本酒为目标，创造出的世界级长久畅销波本酒。具有传统的甘甜味道和浓郁的醇香，口感温和柔滑，饮过之后口留余香，毫无杂质的质朴感令人愉悦。

1.古早酿酒厂
2.美国肯塔基州
3.700ml
4.40°

杰克·丹尼黑牌

Jack Daniel's

柔滑而甜美的酒香，绝妙而平衡的味道，甘洌的唇齿感受

采用将蒸馏过后的威士忌倒入装满枫木炭的木桶当中，使之一滴一滴过滤杂质渗流出来的独特木炭柔和法（charcoal mellowing）酿制而成，这也是杰克丹尼首创的田纳西制酒方法。通过这种细致耗时的方法，陈熟之后能够收获到润滑而柔和的风味。杰克丹尼黑牌作为『田纳西威士忌』的代表，与波本威士忌形成了完全不同的风格，同时也成为代表美国的奢华威士忌典范。

1.杰克·丹尼蒸馏酒厂
2.美国肯塔基州
3.700ml
4.40°

老祖父114

Old Grand-dad

感觉不到强烈酒劲，具有柔滑细腻的口感

由木桶直接装瓶的老祖父114（酒精度数为57°），饮用时感觉不到其强烈的酒劲，柔滑而厚重的口味十分适合净饮享受。

1.老祖父酿酒厂
2.美国肯塔基州
3.750ml
4.57°

老埃兹拉15年

Old ezra 15 years

酒质达到陈熟顶峰的圆熟波本酒

19世纪初期，约翰·梅德莱（John Medley）在肯塔基州欧文斯伯勒（Owensboro）建立了蒸馏酒厂。1966年政府给予『肯塔基州最优秀小型酿酒厂』称号。经过长期酿造陈熟，释放出芳醇诱人的味道。是可通过净饮慢慢体会风味的正宗波本酒。

1.埃兹拉·布鲁克斯
2.美国肯塔基州
3.750ml
4.50.5°

约翰·汉密尔顿

John Hamilton

口味甘洌清爽，初试者也能够轻松享用

美国独立战争爆发前的1774年，以将烈酒首次蒸馏的约翰汉密尔顿的名字命名的波本酒。具有清淡而甘洌的口感，拥有独特而优秀的个性，初试者也可轻松享用。

1.天堂山酿酒厂
2.美国肯塔基州
3.700ml
4.40°

老菲茨杰拉德保税威士忌

Old Fitzgerald Bottled In Bond

使用小麦代替黑麦，圆润口感令人享受

具有优雅而复杂的味道、香气以及奢华的口感，口味强劲。商标中的绿色由当时保税威士忌证件的绿色而来。波本威士忌达人们对于品尝这种保税威士忌也兴趣十足。

1.天堂山酿酒厂
2.美国肯塔基州
3.750ml
4.50°

占边8年黑牌

Jim Beam Black 8 years

8年酿造陈熟。沉稳陈熟的酒香带给人高品位享受

自1795年创业以来，以其温和的口感、柔爽的味道在世界上赢得广泛青睐。经过长达8年的酿造，诞生出具有沉稳陈熟酒香的高级占边酒。

1.Beam全球葡萄酒与烈酒公司
2.美国肯塔基州
3.700ml
4.43°

施格兰七王冠

Seagram's Seven Crown

具有美国混合威士忌所特有的淡质、润滑口感

1943年上市仅2个月就获得美国销量第一名。以美国混合威士忌所特有的淡质、润滑口感为特征。除了净饮和加冰的饮酒方式外，混合自己所喜好的软饮也具有十足的美式风格。特别是7+7（七王冠与七喜）十分著名。

1.施格兰七王冠酿酒厂
2.美国肯塔基州
3.750ml
4.40°

亨利麦肯纳
Henry Mckenna

坚持一天一桶少量生产的『梦幻波本酒』

亨利麦肯纳1855年生于爱尔兰。赴美学习威士忌酿造技术，并以其精湛技术很快闻名于世。为了保证酒的高级品质，一直保持着由最初一天一桶少量生产的习惯，不知不觉就被人称为了『梦幻波本酒』。丰富而奢华的酒香，柔滑地流过喉咙，显现出深沉而陈熟的气质。特别推荐净饮或加冰享用。

1.四玫瑰酿酒公司
2.美国肯塔基州
3.750ml
4.40°

天堂山
Heaven Hill

纯麦香味浓郁强烈，口感清爽醉人

出自肯塔基州纳尔逊县巴兹敦镇天堂山酿酒公司。波本式的味道、清爽的口感以及纯麦的浓郁香味成为特征。作为标准的波本酒类型，带给人满足愉悦的享受。

1.天堂山公司
2.美国肯塔基州
3.700ml
4.40°

四玫瑰
Four Roses

浪漫的命名，4朵艳丽的玫瑰是接受求婚的回应

将『香味各异的多种原酒』以绝妙的平衡配比混合而成的波本酒。花朵果实的芳香与柔滑的口感成为其最大特征。建议加冰饮用或者混合黑加仑甜酒来享受。

1.四玫瑰蒸馏酒厂
2.美国肯塔基州
3.700ml
4.40°

诺亚米尔
Noah's Mill

酒标也采用手工制作的波本酒，在多种大赛中荣获金奖

肯塔基州巴兹敦镇最小的诺亚米尔蒸馏酒厂中制造出来的原酒经过15年酿造陈熟的成品。这个蒸馏酒厂属于家族经营，同时还生产有高品质手工酿制的波本酒。口味时尚浓郁。带有太妃糖和焦糖的香味。搭配干果或无花果干等享用最佳。

1.诺亚米尔肯塔基州蒸馏酒厂
2.美国
3.750ml
4.57.15°

美格波本（红色蜡印）威士忌
Maker's Mark Red Top

自创业以来，一直严格遵守『使用最好的原料，手工少量生产』的原则

执著地追求完美品质，从原料的挑选，到一瓶一瓶酿制灌装，直至最后手工封蜡等程序，每个过程严格把关，造就出高品质波本酒。美丽的维多利亚女王时代建筑风格的古老酿酒厂，也被认定为美国的国家级文化遗址。

1.美格酿酒厂
2.美国肯塔基州
3.750ml
4.45°

野火鸡8年
Wild Turkey 8 Years

美国总统也十分钟爱的世界名牌威士忌

代表肯塔基州的高级波本酒，受到了历届美国总统的青睐。推荐的饮酒方式是加冰及净饮。

1.奥斯丁・尼可洛公司
2.美国肯塔基州
3.700ml
4.50.5°

●加拿大威士忌（Canadian Whisky）

加拿大俱乐部
Canadian Club

清雅华丽的香气，淡质柔滑的口味

以黑麦为主体的加味威士忌和以玉米为主体的基础威士忌相混合，具有水果味奢华芳香以及平衡圆润口感的威士忌。冬季的贮藏库中装配有暖气，长年持续18℃酿造，借以提升酒质的陈熟度。很适合用作口感平衡、饮用便利的鸡尾酒基酒。作为人气鸡尾酒、曼哈顿（Manhattan）的基酒也十分有名。

1.海兰・沃克公司
2.加拿大
3.700ml
4.40°

尊美醇
Jameson
爱尔兰威士忌的最畅销品牌

1780年成立于都柏林（Dublin）的酿酒厂。1974年混合入谷物威士忌推出酒质清爽的威士忌品种。不使用泥炭而是在密闭的炉子中实现大麦的干燥。经过3次蒸馏陈熟，以圆润柔滑的口味为特征。推荐的饮酒方式是加苏打水或加水。

1.约翰·詹姆森父子公司
2.爱尔兰
3.700ml
4.40°

●爱尔兰威士忌（Irish Whisky）

皇冠
Crown Royal
乔治六世访问加拿大时作为献礼酒而诞生

1939年，乔治六世以英国国王身份首次正式出访加拿大。皇冠作为献礼酒而诞生。以芳醇的香气以及清爽而润滑的口感为特征。加冰、净饮或加水均可。调制成的老式鸡尾酒（Old Fashioned，皇冠+安哥斯图娜苦酒+方糖）等也令人十分享受。

1.西格拉姆公司
2.加拿大
3.750ml
4.40°

艾伯塔泉10年
Alberta Springs 10 Years
加拿大落基山脉的自然环境中长期酿造陈熟

使用优质的黑麦原料，酿造10年陈熟，具有温纯口感的加拿大威士忌。

1.艾伯塔公司
2.加拿大
3.750ml
4.40°

米多尔顿年份
Midleton Very rare
精选达到极致陈熟的优质木桶并，刻有制造序号的优秀限定品

在爱尔兰引以为豪的米多尔顿蒸馏酒厂中严格挑选达到贮藏陈熟顶点的陈熟木桶酿造灌装。酒标中还印有米多尔顿蒸馏酒厂负责人巴里·科罗凯特先生的签名及生产序号，是具有高品质保证的限定品。完全没有烟熏的味道，口感华丽芳香。陈熟优雅的品质以及柔滑清爽的余味都带给人十足享受。

1.米多尔顿蒸馏酒厂
2.爱尔兰
3.700ml
4.40°

布什米尔斯纯麦10年
Bushmills Malt 10 years
世界上首个获得威士忌蒸馏许可的蒸馏酒厂

创立于1608年。使用100%爱尔兰大麦麦芽，采用不经泥炭熏制的爱尔兰传统制法酿造而成。在古老的欧罗若索（Oloroso）雪莉酒桶中长时间酿造陈熟，具有雪莉、香草等甜美而辛辣的味道，个性十足的一款单一纯麦威士忌。

1.老布什米尔斯蒸馏酒厂
2.爱尔兰
3.700ml
4.40°

特拉莫尔露
Tullamore Dew
清爽的纯麦香气与亲切诱人的味道

代表爱尔兰的著名品牌。其口味在专业人士当中被评价为『细腻润滑而爽快的口感』。能够使大麦原料的沉稳风味得以充分的体现。没有烟熏的味道，以微甜奶油味以及爽快的橡木桶香为特征。经过3次蒸馏，所形成的亲切温和的味道令人愉悦。

1.特拉莫尔露公司
2.爱尔兰
3.700ml
4.40°

配合不同的饮酒方式
选择不同的玻璃酒杯

品味洋酒时，所搭配的酒杯也要十分讲究。配合不同的饮酒方式，要选择不同品种的专用酒杯。为了尽情地品味美酒，营造出芳香迷醉的氛围，酒杯的选择就成为了十分重要的环节。

威士忌玻璃酒杯、也可被称作短饮酒杯，净饮时专用

●净饮

净饮・玻璃酒杯

选择净饮方式时，要使用“净饮・玻璃酒杯（Straight glass）”。根据大小可分为单酒杯、双酒杯以及中酒杯3种，单酒杯的容量为30ml，双酒杯的容量为60ml。酒杯的款型样式十分丰富，可配合不同场合以及威士忌的种类来选择，从中也更能够体会到饮酒的乐趣及情调。

●加冰饮用

冰饮・玻璃酒杯

选择加冰的饮酒方式时，杯口较大、能够放入大块冰的“冰饮酒杯（Rock glass）”更加适合。想要加入打磨成球形的较大冰块，就要选择这种冰饮酒杯。容量为180ml~300ml。正式的名称为“古典酒杯（Old-fashioned glass）”，在美国和日本多称之为“冰饮酒杯（Rock glass）”。

被称为大平底玻璃杯原型的古典式酒杯

可慢慢享用美酒的长饮玻璃杯

●饮用冰威士忌苏打或金汤力

大平底玻璃杯

可在饮用冰威士忌苏打、金汤力或者各种软饮时使用，使用范围十分广泛。一般就直接称为“酒杯（cup）”，饮用冰威士忌苏打的时候还可叫做“开波酒杯（Highball Cup）”。容量从180ml-300ml分有许多种类。最近较大口径的平底玻璃杯越来越受到人们的欢迎。

●净饮利口酒

利口酒玻璃酒杯

净饮利口酒的时候，应使用“利口酒酒杯（Liqueur galss）”。一般容量为30ml，在净饮威士忌或其他烈性酒时也可使用。

也可作为餐后与咖啡配饮时的鸡尾酒酒杯

●长饮鸡尾酒

可林杯

长时间慢慢享用科林斯鸡尾酒或起泡量多的酒时应使用“可林杯（Collins Glass）”。圆筒形的高身玻璃酒杯也被称为“烟筒杯（Chimney glass）”或“高身杯（Tall glass）”。容量为300ml～360ml。

搭配苏打水的鸡尾酒一般要使用这种酒杯

●净饮白兰地

白兰地酒杯

享受醇香的白兰地时，应使用杯身圆鼓、杯口回收的气球形“白兰地酒杯”。杯口较窄，酒香更不易外散。由于其设计上对杯口更加注重，因而也被称为“窄口酒杯（Snifter）”。可在白兰地净饮时使用，也可用于品味陈酿葡萄酒或气味浓郁的香草型利口酒。饮用时最好用双手包裹住杯身，在温热的状态下细细品味浓郁的酒香。容量多为180ml～300ml。

具有能够锁住酒香的窄口设计

●净饮

雪莉玻璃酒杯

品尝雪莉酒时的专用酒杯，外形比利口酒酒杯稍大一圈。容量一般为75ml左右。设计简约，净饮威士忌时使用也很适合。

比利口酒酒杯大，比葡萄酒酒杯小的设计

白兰地的历史

白兰地是世界上最负盛名的一种酒，它在法国也曾被喻为“大人的牛奶”，背后隐藏着鲜明的含义——白兰地有益健康。

关于白兰地的产生，有下面几个版本：

第一种是：16世纪时，法国查伦泰河（Charente）沿岸的码头上有很多葡萄酒商人，他们都是通过船只航运来进行贸易。当时该地区屡屡发生战争，葡萄酒的贸易多次因航运中断而受阻，葡萄酒变质就成了常有的事，商人损失严重。此外，葡萄酒整箱装运占去的空间较大，费用昂贵，使成本增加。

这时有一位聪明的法国商人想出了双蒸的办法，即把白葡萄酒蒸馏两次，提高酒精含量，以便运输。到达遥远的外国后，再稀释复原，在市场上出售。这样酒就不会变质，装箱成本也随之降低。然而，桶装酒同样也因遭遇战争而停航，时间有时会很长。不过人们惊喜地发现，桶装的葡萄蒸馏酒并未因运输时间长而变质，而且由于在橡木桶中贮存日久，酒色从原来的透明无色变成美丽的琥珀色，香味更加芬芳。从此大家得出一个结论：葡萄酒经蒸馏后得到的高度烈酒一定要放入橡木桶中贮藏一段时间后，才会提高质量，改变风味，让更多的人喜爱。白兰地就由此诞生。

How to drink and enjoy BRANDY

白兰地的品饮方法

没有白兰地的餐宴，就像没有太阳的春天。

还有另一种说法是：世界上最早发明白兰地的应该是中国人。李时珍在《本草纲目》中写道：葡萄酒有两种，即葡萄酿成酒和葡萄烧酒。所谓葡萄烧酒，就是最早的白兰地。《本草纲目》中还写道："葡萄烧酒是将葡萄发酵后，用甑蒸之，以器承其露。这种方法始于高昌，唐朝破高昌后，传到中原大地。"高昌即现在的吐鲁番，这说明中国在1000多年以前的唐朝时期，就用葡萄发酵蒸馏白兰地。

后来，这种蒸馏技术通过丝绸之路传到西方。到17世纪时，法国人对古老的蒸馏技术加以改进，制成了蒸馏釜，即夏朗德壶形蒸馏器，这也成为现在蒸馏白兰地的专用设备。法国人又意外地发现橡木桶贮藏白兰地的神奇效果，完成了酿造白兰地的工艺流程，首先生产出质量完美、誉满全球的白兰地。

第三种说法是，被称为"蒸馏酒女王"的白兰地实际上起源于西班牙。将葡萄酒蒸馏，酿造出烈性酒的是出生于西班牙的炼金术士兼医生阿诺德·威兰诺瓦（Arnaud Villeneuve），并且，他还使用拉丁语中具有"生命之水"含义的"Aqua Vitae"为这款烈性酒命名。

14~15世纪白兰地传入法国，首先出现在法国的雅文邑（Armagnac）地区，到了16世纪又传至波尔多以及巴黎等地。那时，无论在哪个地区，人们都是把"Aaqua Vitae"这个称谓直接翻译成法语，称之为"Eau de Vie"。

此后，这种酒又被荷兰商人带到了北欧以及英国等地，在那些地方也赢得了人们的喜爱。

法国干邑地区的人们从加热的葡萄酒这层含义来考虑，还将"Eau de Vie"称为"Vin Brure"。从事"Eau de Vie"出口的荷兰商人将这一名称直译为荷兰语"可燃烧的酒（Brandewijn）"而后向外销售。销往英国的时候，又将这一名称缩写为"白兰地（Brandy）"。自此，"Eau de Vie"就正式变身为"白兰地（Brandy）"。

西班牙诞生
法国成长
备受英国人宠爱的
蒸馏酒女王

葡萄酒的灵魂

身着睡衣悠闲地靠在暖炉前舒适的躺椅上，轻轻晃动杯中的美酒。品味白兰地时，这种优雅宁静的气氛最合适不过。即使没有暖炉，也依然能够在悠闲的时光中细细品味那馥郁的酒香以及芳醇的味道。

白兰地一词，从广义上讲，是指所有以水果为原料发酵蒸馏而成的酒，但现在已经习惯把以葡萄为原料，经发酵、蒸馏、贮存、调配而成的酒称作白兰地。若以其他水果为原料制成的蒸馏酒，则在白兰地前面冠以水果的名称，例如苹果白兰地、樱桃白兰地等。

白兰地的酒精度数在40°～43°之间（勾兑的白兰地酒在国际上一般标准是42°~43°），虽属烈性酒，但由于经过长时间的陈酿，其口感柔和，香味纯正，饮用后给人以高雅、舒畅的享受。白兰地呈美丽的琥珀色，富有吸引力，其悠久的历史也给它蒙上了一层神秘的色彩。

白兰地酿造工艺精湛，特别讲究陈酿时间与勾兑的技艺，其中陈酿时间的长短更是衡量白兰地酒质优劣的重要标准。酿造白兰地很讲究贮存酒所使用的橡木桶。由于橡木桶对酒质的影响很大，因此对木材的选择和酒桶的制作要求非常严格。酿藏对于白兰地酒来说至关重要。白兰地在酿藏期间酒质的变化，只在橡木桶中进行，装瓶后其酒液的品质不会再发生任何的变化。

优质白兰地的芳香主要来源就是橡木桶。原白兰地酒贮存在橡木桶中，要发生一系列变化，从而变得高雅、柔和、醇厚、陈熟，在葡萄酒行业，把它叫作“天然老熟”。在“天然老熟”过程中，会发生两方面的变化：一是颜色的变化，二是口味的变化。原白兰地都是白色的，它在贮存时不断地提取橡木桶的木质成分，加上白兰地所含的单宁成分被氧化，经过5年、10年以至更长时间，逐渐变成金黄色、深金黄色到浓茶

色。新蒸馏出来的白兰地口味暴辣，香气不足，而它从橡木桶的木质素中抽取橡木的香气，与自身单宁成分氧化产生的香气结合起来，会形成一种特有的奇妙的香气。

最好的白兰地是由不同酒龄、不同来源的多种白兰地勾兑而成的。兑酒师要通过品尝储藏在桶内的酒类来判断酒的品质和风格并决定勾兑比例。兑酒师都有自己的配方，绝不外传。

坚守严格酿酒规章的两大白兰地

干邑白兰地（Cognac Brandy）是白兰地中的代表，与雅文邑白兰地（Armagnac Brandy）同为白兰地的两大品牌。这两大品牌均依照法国AOC法（原产地统制称呼法）进行严格的管理和酿造。

干邑白兰地指的是波尔多北部干邑地区所酿造的白兰地，但是并非干邑地区酿造的所有白兰地都能被称为“干邑白兰地”。正宗的“干邑白兰地”必须要使用原产地统制称呼法中所规定的葡萄品种。其中以白玉霓（Ugni Blanc，也叫圣·爱利翁）、白福尔（Folleblanche）以及科隆巴（Colombar）三个品种为主，其他还有布朗蓝美（Blanc Rame）、幽兰嵩布朗(Jurancon Blanc）、塞美隆(Semillon）、蒙蒂尔(Montils)，以及塞莱克(Select)这五个品种。不过法律规定后面5个品种的使用量最多只能有10%。

干邑地区共有6个原产地。这6个原产地分别为大香槟区（Grand Champagne）、小香槟区（Petite Champagne）、边缘区（Borderies）、植林区（Fins Bois）、优等植林区（Bons Bois）和一般植林区（Bois Ordinatres）。混合这6个产地中任何一种白兰地原酒所酿造的酒都可被称为“干邑白兰地（Cognac Brandy）”。并且，各个产地只有在使用本地区内生产的葡萄酿造干邑白兰地时，才能够冠以这个产地的名字。

此外，使用50%以上大香槟产区的原酒，并且只与小香槟区的原酒混合而成的白兰地，才可以被称作是“特优香槟干邑（Fine Champagne）”。

雅文邑位于波尔多的南部。雅文邑白兰地的历史比干邑白兰地更为久远，这一地区的白兰地能够声名远扬，是依靠荷兰商人的对外出口实现的。

在酿造雅文邑白兰地的原料当中，约80%的葡萄品种都是白玉霓（Ugni Blanc），其他还包括有白福尔（Folleblanche）以及科隆巴（Colombar）和bac 22—A等。

雅文邑地区也分为三大产区：下雅文邑产区（Bas-Armagnac）、特纳赫兹产区（Ténarèze）以

●挑选高级白兰地时可作为参考的法国原产地统制称呼法（AOC）

☆干邑白兰地的AOC☆

原产地名称	酒瓶上的标识	葡萄品种	蒸馏	木桶	酿造时间
大香槟区	大香槟区 特优香槟干邑	白玉霓 白福尔 科隆巴 布朗蓝美 幽兰嵩布朗 蒙蒂尔 塞美隆 塞莱克（幽兰嵩布朗与白玉霓的嫁接品种）	使用夏朗德壶式蒸馏器蒸馏2次	特罗塞橡木桶 利穆赞橡木桶	至少2年
小香槟区	小香槟区（50%以上大香槟区产白兰地原酒与小香槟区产原酒混合而成的特优香槟干邑）				
边缘区	边缘区				
植林区	植林区				
优等植林区	优等植林区				
一般植林区	无法注明区域名称				

白兰地的品饮方法

及上雅文邑产区。只采用其中一个地区的葡萄原料酿造而成的白兰地才能够使用当地名称来标注。

此外，干邑周边地区、蒙彼利埃、卢瓦尔河南部等地也是白兰地的产区，这些地方的成品一般被统称为“法国白兰地”。

蒸馏方法、酿酒木桶不同香气及口味也会随之改变

干邑白兰地、雅文邑白兰地和法国白兰地在口味及品质上都不尽相同。这是由于蒸馏及酿造方法不同而形成的。蒸馏方法上干邑白兰地采用单壶式蒸馏法，雅文邑白兰地采用半连续式蒸馏法，而法国白兰地则采用连续式蒸馏法。

干邑白兰地的单壶式蒸馏法使用的是夏朗德单壶蒸馏器。将葡萄酒加热使之散发出蒸气，蒸气通过鹅颈弯式管道经冷却器冷却，又转变为液体，这就成为了白兰地的原酒。为了在单壶蒸馏器中获得酒精度更高、香味更加浓郁的原酒，就要进行第二次蒸馏。2次蒸馏时只留取香味浓厚且酒精度达到70°的匀质中流液。单壶蒸馏器中蒸馏出的白兰地原酒具有浓郁的葡萄酒式果味芳香，醇厚且口味均衡。

雅文邑白兰地一直采用的是传统的半连续式蒸馏法。半连续式蒸馏机中温热过后的葡萄酒被送至上层数段精馏棚中，成为酒精浓度约为55°~60°的白兰地原酒。由于只蒸馏一次，过程不甚精细，因此所制作出的白兰地酒个性更强，更适合男性饮用。

法国白兰地所采用的连续式蒸馏法，使用的是装置有数段到数十段精馏层的塔式蒸馏机。葡萄酒由塔的中部注入，从塔底开始加热，在各层中进行精馏。越到上层酒精度数越高，葡萄酒在1塔到3塔之间进行连续蒸馏，就可获得更精纯的白兰地原酒。这样蒸馏出的原酒口味清爽且具有水果的香气，十分便于饮用。

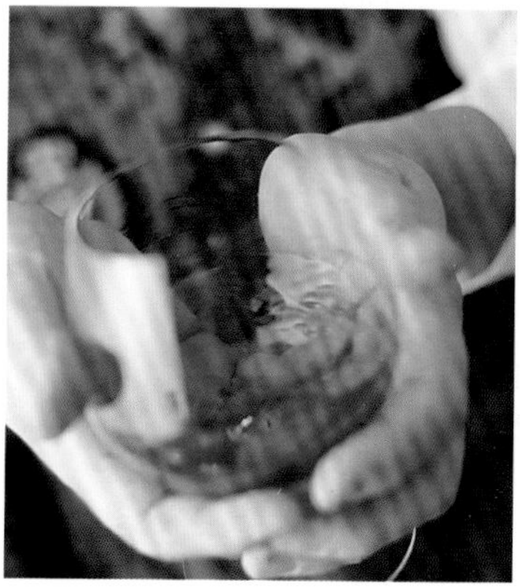

将白兰地原酒放入法式橡木桶中储存，置于低温潮湿的贮藏库中酿造。经过一段时间，蒸馏后的粗糙感消失，酒也逐渐转变为具有醇香、圆润口感的琥珀色液体。随着酒质的不断陈熟，木桶材料的成分也会渐渐融于酒中，使酒香及味道转变，从而显现出更加丰富独特的个性。

最终成为制品的白兰地是由多种陈熟白兰地酒混合而成的。能够打造出何种口味的成品，就要看配酒

☆雅文邑白兰地的AOC☆

原产地名称	酒瓶上的标识	葡萄品种	蒸馏	木桶	酿造时间
下雅文邑产区 雅文邑特纳赫兹产区 上雅文邑产区	吉尔斯县（Gers）、兰德斯县与罗耶加伦县的交界地带	白玉霓 白福尔 科隆巴 bac22—A	在独特的半连续式蒸馏器中蒸馏1次 或在夏朗德壶式蒸馏器中蒸馏2次	加斯克涅橡木桶 利穆赞橡木桶	至少1年

师的技术和创造性了。

白兰地品种丰富多样

在白兰地酒中，也有使用葡萄酒剩余残渣经蒸馏酿造而成的品种。其中十分著名的就是意大利格拉帕酒（Grappa）。据说这种酒早前曾经是威尼斯北部巴萨诺—德尔格拉帕村（Bassano del Grappa）的特产，因而也以此命名。格拉帕多半不经过木桶酿造，而是在蒸馏之后，直接将无色透明的酒液制成成品。酒精浓度较高，是一种具有强烈个性的浓质白兰地酒。

如最初所阐述的那样，从广义上来说，白兰地是一种以水果为原料酿制而成的烈性酒。使用葡萄以外果实酿造的白兰地被统称为“水果白兰地（Fruit Brandy）”。其中著名的是以卡尔瓦多斯（Calvados）为代表的法国苹果白兰地（Eau de Vie de Cidre）。这种苹果白兰地是法国诺曼底地区的特产。其中卡尔瓦多斯省是最优良的产地，分为卡尔瓦多斯省昂日地区和卡尔瓦多斯省杜姆伏龙泰斯地区两个产地。原产地名能够标注为卡尔瓦多斯的产地共有9个，其中单一区域的成品才能够标注上所在地区的名称。

白兰地在法国之外的国家也有酿造，品尝这些不同的味道也别有一番情趣。若再搭配以水果白兰地，口感会更加好。

☆卡尔瓦多斯白兰地的AOC☆

原产地名称	地区名	蒸馏	材料	酿造时间
卡尔瓦多斯省昂日地区	卡尔瓦多斯省 奥恩省 厄尔省	夏朗德单壶蒸馏器	西打酒 （苹果酒）	至少1年
卡尔瓦多斯省杜姆伏龙泰斯地区	杜姆伏龙泰斯地区（昂日的西南部）	夏朗德单壶蒸馏器 半连续式蒸馏器	西打酒（苹果酒）中兑入30%以上的洋梨酒）	
卡尔瓦多斯	上述之外的诸曼底地区 缅因州地区	符合杜姆伏龙泰斯地区标准的蒸馏器		

●白兰地瓶身标识的辨别！！
读懂“指数*”就可了解酿造时间

单位	干邑白兰地标识	雅文邑白兰地标识	卡尔瓦多斯白兰地标识
指数1		☆☆☆（三星级）	
指数2	☆~☆☆☆☆☆ VS（Very special非常特别） DELUXE（奢华） SELECTION（特选） SPECIAL（特别）		☆☆☆（三星级）
指数3	SUPERIEUR（优质） GRANDE SELECTION（豪华特选）		VIEUX（陈酿） RESERVE（珍藏）
指数4	VO（Very old 陈酿） VSOP（贮藏期不少于4年） VIEUX（陈酿） RESERVE（珍藏） RARE（稀有珍贵）	贮藏期不少于6年	VO（Very old 陈酿） VIEUX（陈酿） RESERVE（珍藏）
指数5	GRANDE RESERVE（豪华陈酿） PRIVATE RESERVE（私人珍藏） RESERVE FAMILIALE（私家陈酿） RESERVE MAISON（私家珍藏）		VSOP（贮藏期不少于4年）
指数6	XO（贮藏期多为8年以上） EXTRA（特佳） NAPOLEON（贮藏期不少于6年） ROYAL（皇家） TRES VIEUX（陈旧、古老） AGE D'OR（陈酿） GOLD（黄金） HERITAGE（遗产） IMPERIAL（帝王）		NAPOLEON（贮藏期不少于6年） EXTRA（特佳） Hors D'Age（超陈年）
指数10		Hors D'Age	

*指数：是表示酿造时间的用语。秋天结束收获、蒸馏之后，将酒倒入木桶中开始贮藏的时间指数为00。到了次年4月1日转变为指数0。再下一年的4月1日指数为1。之后每年的4月1日指数都会依次递增。

净饮 *Straight*

白兰地是以香味著称的美酒。应细品香味之后再饮用。

●饮酒方式

白兰地属于高级洋酒类，即使想畅饮，也不适合接连干饮数杯。喝白兰地的时候，应先品其中的酒香，之后再细细品尝。

白兰地分有许多级别，其中适合净饮的干邑白兰地和雅文邑白兰地中超过VSOP（VERY SUPEROIOR OLD PALE）的类型。

所使用的酒杯最好是白兰地酒杯。这种气球形大身玻璃杯杯口较窄，香气不易散失。由于这种酒杯非常适合品嗅香气，因而也被称作是“窄口酒杯（Snifter，即可品嗅气味的酒杯）”。

●品味方法

我们经常会看到有人手捧白兰地酒杯温热过后细细品味的场景，这是由于白兰地在被温热之后香味会更加饱满浓郁。

不过在寒冷的天气里，白兰地自身的温度就很低，用手温热酒的香气也不容易散发出来。如果一开始就把酒杯放在温水中加热，无须手温，酒香也会马上飘散出来。这个时候不要忘记把玻璃杯上的水气擦拭掉。

EQUIPMENT 准备物品

白兰地

白兰地酒杯

INGREDIENTS 享受净饮时的材料及用量

白兰地……………………………………………………… 45ml

METHOD 美味的制作方法

在白兰地酒杯中倒入白兰地。

▼

净饮白兰地的时候，可将水倒入大玻璃杯中作为配饮。

与卡尔瓦多斯搭配的饮料可选择苹果汁

卡尔瓦多斯是诺曼底地区的特产苹果白兰地，具有苹果的香味，饮过之后，口中还会残留余香。

净饮卡尔瓦多斯白兰地时，想要品尝其中更加芳香迷人的苹果气息，还可搭配自家制鲜榨苹果汁，这种有趣的组合值得尝试。

加冰 *On the Rock*

配合冰块融化的速度慢慢饮用。享受随时间变化的不同风味。

●饮酒方式

白兰地中口感优雅、口味柔和的类型有很多。选择加冰的饮酒方式，白兰地的口味会随着冰块的融化而不断变化，感觉更加细腻、醉人。适合多花些时间细细品尝。

●品味方法

享受加冰白兰地的时候，对于酒质的选择就要十分注重。没有杂味、余香悠长的干邑白兰地值得推荐。选择一段悠闲的时光，去细细品味那种不断变化的微妙口感吧。

白兰地的级别

不同酿造时间所形成的不同酒香是白兰地最重要的特征，因此酿造年份具有重要的意义。表示干邑白兰地酿造年份的单位是“指数（Count）”。从全部蒸馏结束的4月1日开始算起，至次年3月31日指数为0，下一年指数为1。未达到指数2的短期原酒不可用于制作干邑。

对于VSOP和XO级别中所混合使用的原酒，在最低指数上也有所限定。三星为指数2，VSOP与RESERVE要在指数4以上，XO、EXTRA和NAPOLEON至少要达到指数6以上。

METHOD 美味的制作方法

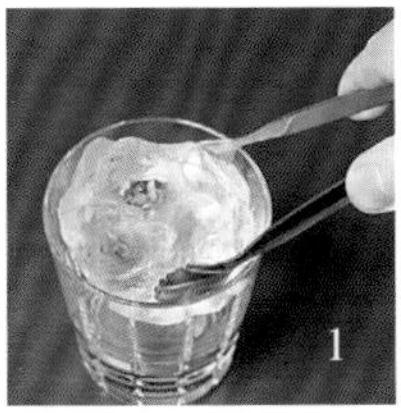

1 在冰饮酒杯中放入一大块冰。

2 倒入白兰地。

3 使用搅棒上下轻轻搅动。

EQUIPMENT 准备物品

INGREDIENTS 享受加冰时的材料及用量

白兰地………………………………………… 45ml
冰块…………………………………………… 适量

净饮时若感觉酒劲过强，则可选择加冰的方式来慢慢品尝其中醇香的味道。

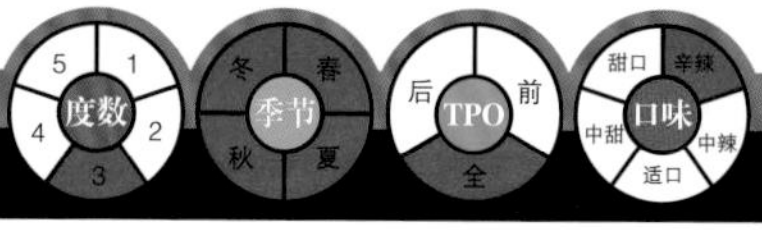

加水 Brandy & Water

加水冲淡之后依旧可以享受白兰地奢华醇香的味道。适合餐前、餐中以及餐后多种场合的饮酒方式。

●饮酒方式

白兰地是使用葡萄酿造的蒸馏酒。不擅饮威士忌却喜欢喝白兰地的大有人在。

在白兰地中加水，使酒精浓度转淡，却依然会留有华丽的酒香，这是一种温柔的饮酒方式，很适合女性选择。

●品味方法

如果对承受白兰地深厚的酒劲缺乏自信，可以在开始时选择净饮，当承受不住时再加入冰块，若还感觉酒劲过强则可加水冲淡后慢慢享用。

软质水与白兰地是最佳拍档。硬水中矿物质成分含量较多，与白兰地搭配不太适合。

加冰和加水都是很适合享受白兰地的饮酒方式。

净饮方式适合在餐后选择，而上述两种方式则可应对餐前、餐中以及餐后的不同场合。

此外，在季节的选择上，净饮更适合于秋冬季。而加水或加冰的方法则无论任何季节都可轻松享用。

EQUIPMENT 准备物品

INGREDIENTS 享受加水时的材料及用量

白兰地	45ml
冰镇天然水	适量
冰块	适量

METHOD 美味的制作方法

1

在大玻璃杯中加入冰块。

2

注入白兰地。

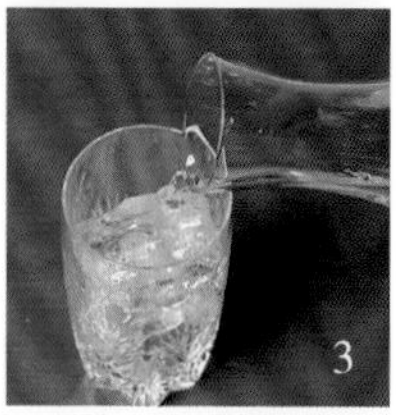
3

加满天然水。

4

轻轻混合。

加水时选择软水最为合适。

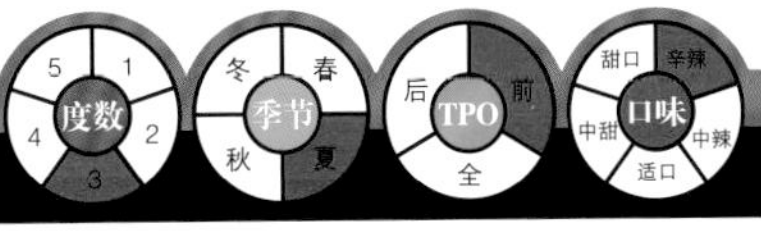

加苏打水 *Brandy & Soda*

通过加入苏打水，获得更加轻松畅快的口感。根据苏打水的不同种类及注入方法，口味也会不同。

●饮酒方式

选择加苏打水的饮酒方式时，使用酿造年份不太久远的白兰地品种，作为日常饮品来饮用十分适合。

与苏打水相融之后，白兰地的味道会异常轻快爽口。

有许多法国人喜欢在进餐时选择这种饮酒方式。替代香槟作为餐前开胃酒也很值得推荐。

●品味方法

由于制造厂商的不同，苏打水中所含的气泡也会有所差异，但在搭配白兰地时没有必要对种类有特殊的要求。尝试不同品种与白兰地搭配，体会其中绝妙差异的味道才会更加有趣。

在注入苏打水的时候，注意不要直接倒在冰块上，而要从玻璃杯的边缘静静注入。若直接接触冰块，苏打水中的气体会很快消失。

不太喜欢饮用碳酸气过重饮品的话，也可将苏打水直接注到冰上来减少气体。

最后混合的时候，不要在玻璃杯中使用搅棒用力搅动，轻轻地上下来回搅2~3次即可。

EQUIPMENT 准备物品

白兰地

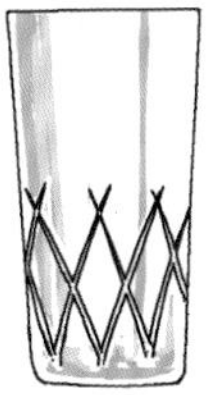
大玻璃杯

冰镇苏打水

冰块

INGREDIENTS 享受加苏打水时的材料及用量

白兰地	45ml
冰镇苏打水	适量
冰块	适量

METHOD 美味的制作方法

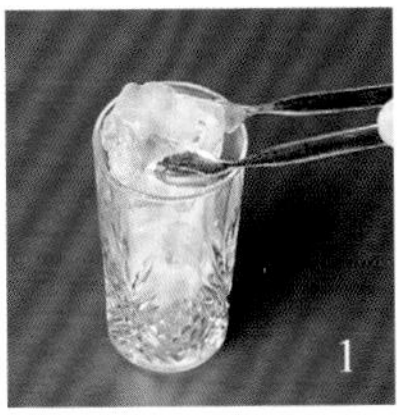
1 大玻璃杯中放入冰块。

2 注入白兰地。

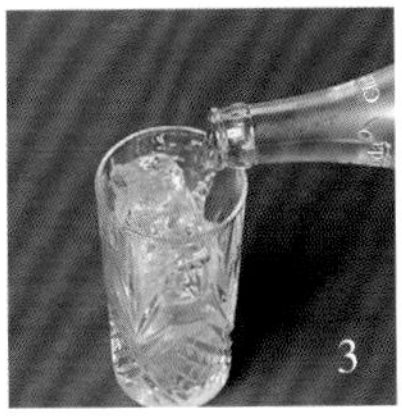
3 加满苏打水。

4 轻轻混合。

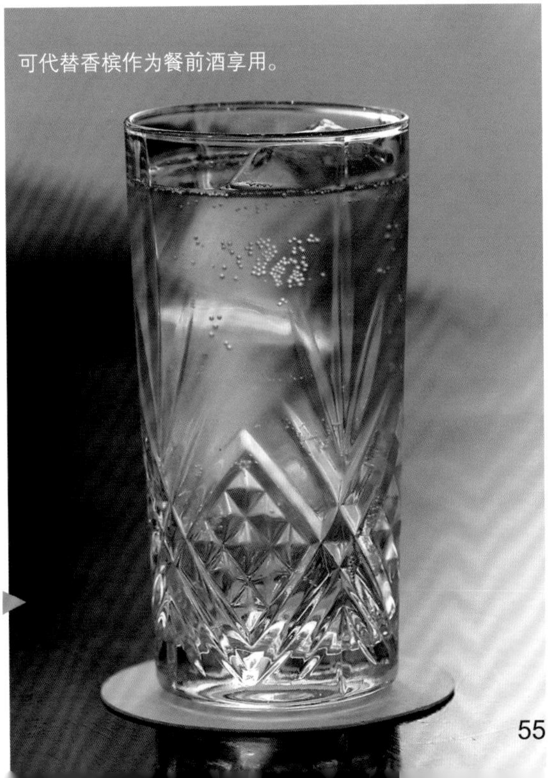
可代替香槟作为餐前酒享用。

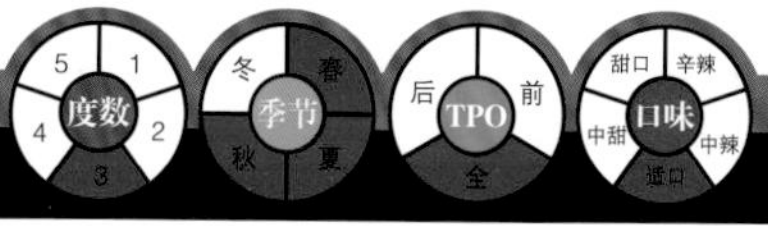

白兰地汤力水 *Brandy with Tonic Water*

融合汤力水后口感更加清爽，最适合在放松沐浴之后享用。

●饮酒方式

搭配汤力水饮用时，会使正宗的白兰地酒更加美味。

汤力水富含柑橘、柠檬以及酸橙等精华成分，与柑橘系的芳香味道最为契合。因此，饮用时挤入切瓣酸橙汁味道会更好。

●品味方法

汤力水是诞生于英国的一种碳酸饮料。

殖民地时代，在热带地区的殖民地上劳作的英国人经常会中暑或食欲不振，由此便创造出能够起到预防作用，配合有奎宁成分的保健饮料。

随后，这种微苦而爽口的风格受到了女性的喜爱，同时也作为餐前酒赢得人气，还经常与金酒（Gin）混合做成饮品。

现今的汤力水中基本不再加入奎宁成分，而是在苏打水中融入柠檬、酸橙以及柑橘等果皮精华，配合一定糖分来制作。

汤力水由于种类不同口味上也存在差异，因此多加尝试更能够品味到其中的乐趣。

EQUIPMENT 准备物品

白兰地

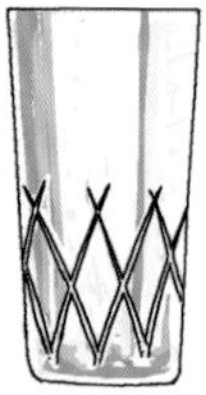
大玻璃杯

冰镇汤力水

冰块

INGREDIENTS 享受汤力水时的材料及用量

白兰地	45ml
冰块	适量
冰镇汤力水	适量

METHOD 美味的制作方法

1 大玻璃杯放入冰块。

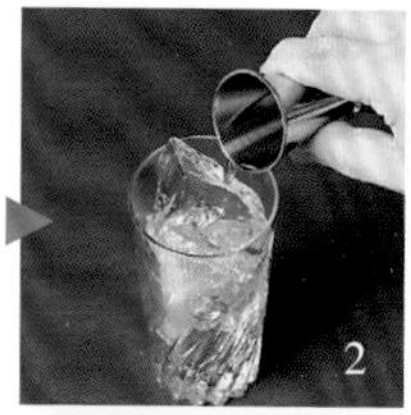
2 注入白兰地。

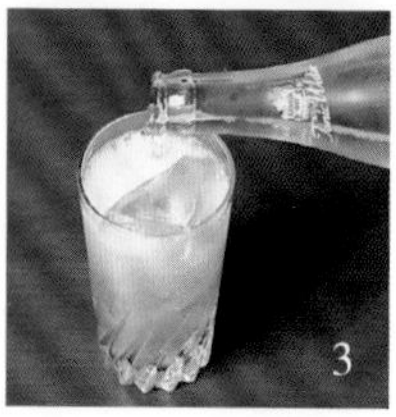
3 加满汤力水。

4 轻轻混合。

最好选择正宗的法国白兰地来慢慢享受。

本尼迪克特甜酒&白兰地

Benedictine Dom & Brandy

与香草系利口酒“本尼迪克特”混合后饮用。口中弥漫的香草气息与酒味融为一体。

●饮酒方式

这是一种漂浮式的配酒方法。以在本尼迪克特甜酒（Benedictine Dom）上注入白兰地的形态呈现。不加混合能够自然地分层，这是由于两种饮品的比重不同，本尼迪克特甜酒的比重略大。两种酒的精华成分及糖分若存在5°的差异，不加混合便会自然呈现出完美形态。

饮用时要由上方开始，细细品味两种饮品之间的差异。还可根据个人喜好使用吸管分别品尝酒的上部、下部以及中间混合的部分。

●品味方法

本尼迪克特甜酒&白兰地（简称B&B）也可通过加冰的方式来享用。这个时候最好使用冰饮酒杯，加入较大冰块，依照先本尼迪克特甜酒后白兰地的顺序一一注入。若先注入比重较轻的酒，两种酒就很容易混合到一起。

选择B＆B饮法时，使用任何品种的白兰地都可以。苹果白兰地或者卡尔瓦多斯（Calvados）白兰地与本尼迪克特甜酒搭配都能够创造出新鲜别致的味道。

此外，还有B＆C的鸡尾酒饮品，其中的C指的就是干邑白兰地，白兰地品种只限定使用干邑。

EQUIPMENT 准备物品

INGREDIENTS 享受本尼迪克特甜酒时的材料及用量

白兰地…………………………………………… 30ml
本尼迪克特甜酒………………………………… 30ml

METHOD 美味的制作方法

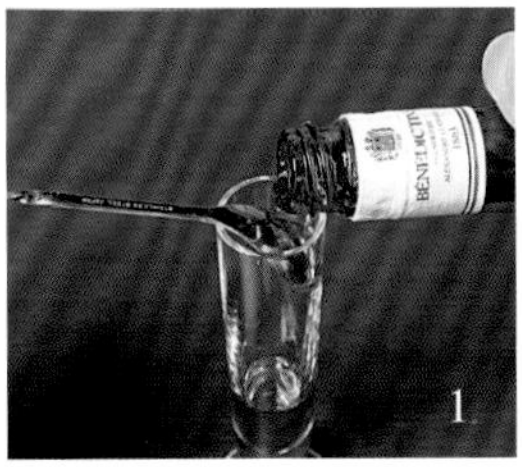
1
在饭后酒酒杯中注入本尼迪克特甜酒。

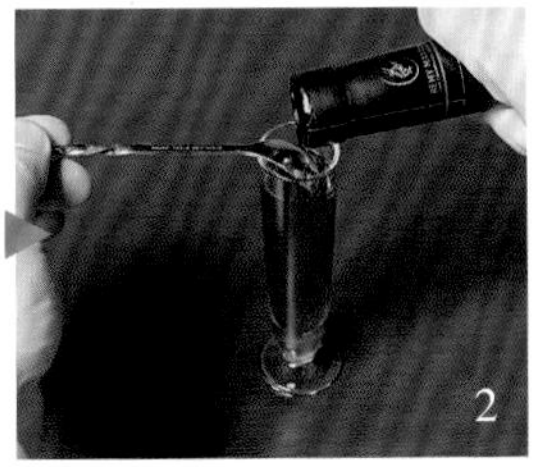
2
沿汤匙背静静注入白兰地。

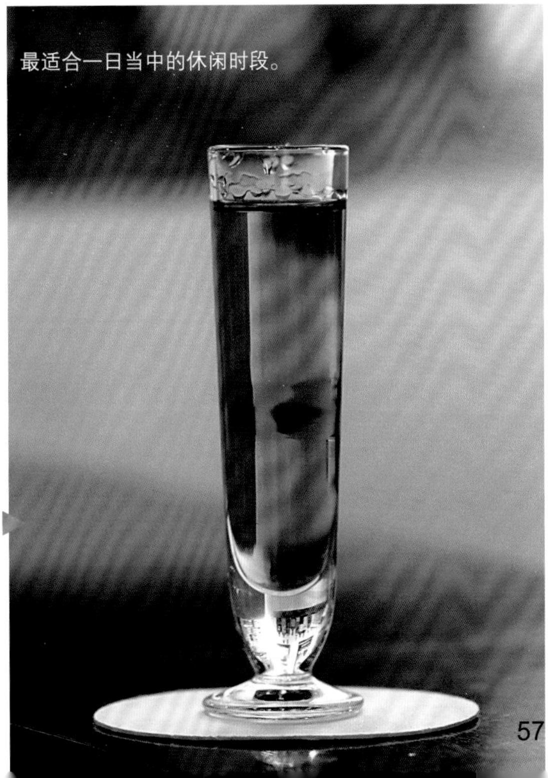
最适合一日当中的休闲时段。

法国贩毒网 French Connection

融合种子系甜利口酒“意大利苦杏酒（Amaretto）”来饮用。美妙甘甜的味道让人不禁想连饮数杯。

●饮酒方式

这是十分著名的人气鸡尾酒之一。甚至会带给饮酒者电影主人公一般的美妙感受，倒上一杯，开怀畅饮吧。

●品味方法

根据1971年上映的电影《霹雳神探》（The French Connection）所创造的鸡尾酒。

影片《霹雳神探》讲述的是有关法美毒贩勾结大规模走私毒品的故事。

片中演绎了由金·哈克曼（Gene Hackman）扮演的纽约刑警与贩毒组织之间进行的复杂而激烈的斗争，可谓刑警故事的巅峰之作。

作为副料使用的意大利苦杏酒（Amaretto）具有杏仁的香味，是意大利利口酒的代表。

实际上这种酒的原料并非杏仁，而是杏核。

蒸馏之后与数种香料的萃取液混合，与烈性酒一起酿造陈熟，最后再融入糖浆制成成品。

此外，若将白兰地换作苏格兰威士忌混合后的饮品，就成为了“教父（God Father）”，而若换用伏特加来搭配就成为了“教母（God Mother）”。

EQUIPMENT 准备物品

白兰地　意大利苦杏酒　冰块　冰饮酒杯

INGREDIENTS 享受法国贩毒网时的材料及用量

白兰地	40ml
意大利苦杏酒	20ml
冰块	适量

METHOD 美味的制作方法

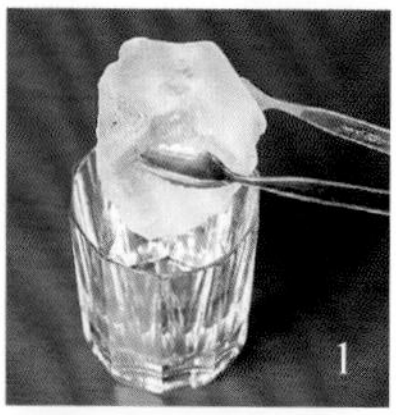

1 在冰饮酒杯中放入大冰块。

2 注入白兰地。

3 加入意大利苦杏酒。

4 均匀混合。

白兰地甜口鸡尾酒，适合在餐后饮用。

白兰地热蛋诺酒 *Brandy Hot Eggnog*

世界范围内备受青睐，爽滑而甜美的滋养饮品。

●饮酒方式

蛋诺酒原本是诞生于美国南部的一种圣诞饮品。酒中加入鸡蛋、牛奶以及砂糖制作而成。是奶昔（Milk Shake）的酒精版。在日本也称之为“鸡蛋酒”。

蛋诺酒有冷热之分，是如今世界范围内各个季节都可享用的鸡尾酒之一。想要温暖身体的时候可选择热饮，对治疗感冒也很有好处。

作为冷饮享用的时候，要先使用打泡器将材料充分混合，而后注入加有冰块的酒杯中饮用。

酒名中的“nogg”起源于历史上英格兰王朝的一个王国。据说在那里酒精度较强的啤酒被称为“nogg”。而后就逐渐演变为含有酒精成分的饮品。

EQUIPMENT 准备物品

INGREDIENTS 享受白兰地热蛋诺酒时的材料及用量

白兰地…………………………30ml
蛋黄…………………………1个
砂糖（白糖）…………………………1~2大汤匙
牛奶…………………………150ml
香草香精…………………………1~2滴

METHOD 美味的制作方法

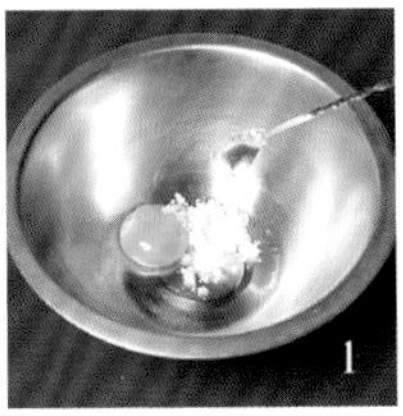

碗中打入一个蛋黄并加入1大汤匙砂糖。

注入白兰地。

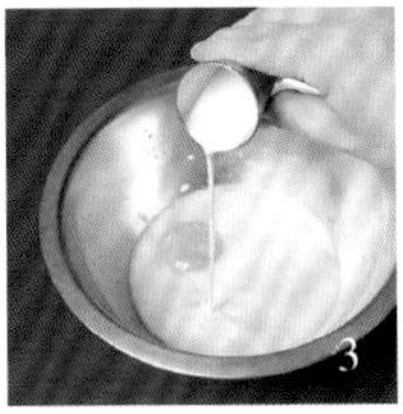

加入牛奶。

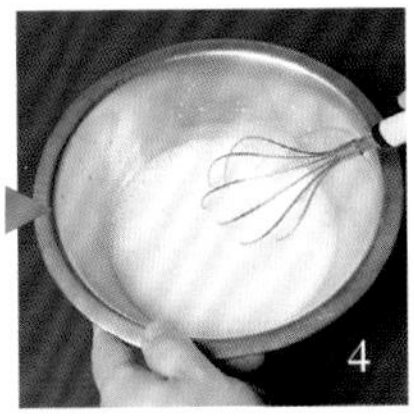

用打泡器充分混合。

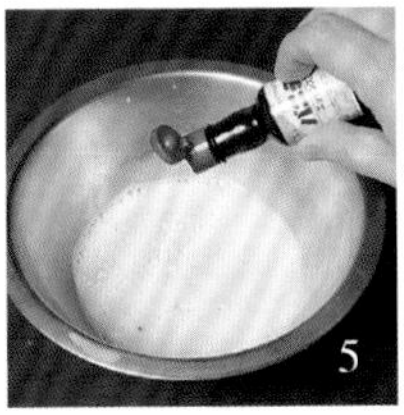

加入1~2滴香草香精，在微波炉中加热1分钟。

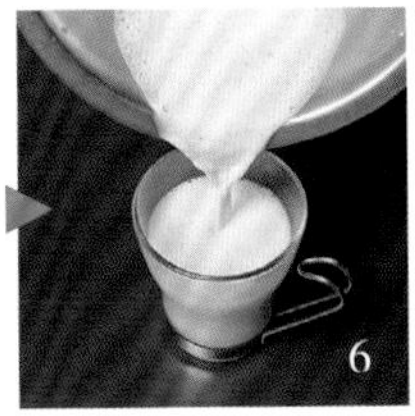

注入带有手柄的酒杯当中。

最后还可根据个人喜好撒些肉桂粉，
并趁热饮下。

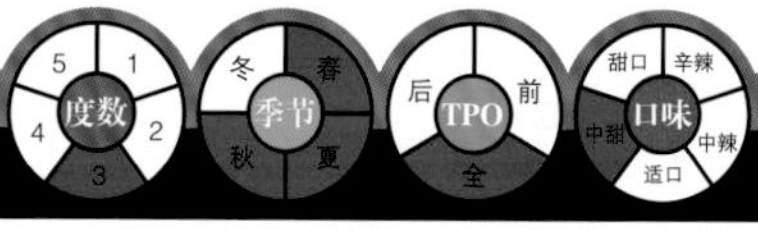

马颈鸡尾酒 Horse's Neck

融合姜汁饮料并用柠檬皮装点。甜美清爽的水果味道。

●饮酒方式

白兰地很适合与姜汁饮料搭配。特别是如果再融入柠檬的香气，就能够做成更加清爽的鸡尾酒饮品。想充分体会碳酸气穿越喉咙时的那种快感，就请开怀畅饮吧。

●品味方法

马颈鸡尾酒（Horse's Neck）是在喜好的烈酒当中加入长段柠檬皮，再融合姜汁饮料的一种鸡尾酒。作为开波酒（Highball）的一种而被创造。

使用白兰地制作的时候，正式的名称应为“白兰地马颈鸡尾酒”。不过由于日本的饮酒场所大多使用白兰地来制作这款鸡尾酒，因此也就被简称为“马颈鸡尾酒”，实际上都是以白兰地作为基酒。

回旋于酒杯之中的柠檬皮看上去好似马的脖子一般，于是人们就将这款鸡尾酒命名为“马颈鸡尾酒”。

也有一种说法是因为美国总统西奥多·罗斯福乘马时，经常喜欢一边抚摸着马脖子一边品着这款鸡尾酒，因而以此命名。

EQUIPMENT 准备物品

INGREDIENTS 享受马颈鸡尾酒时的材料及用量

白兰地	45ml
冰镇姜汁饮料	适量
柠檬皮	1个
冰块	适量

METHOD 美味的制作方法

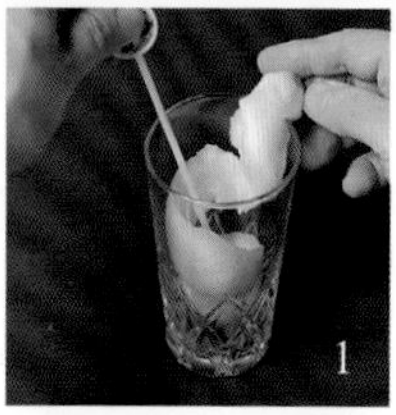

大平底玻璃杯中放入整段剥下的柠檬皮。

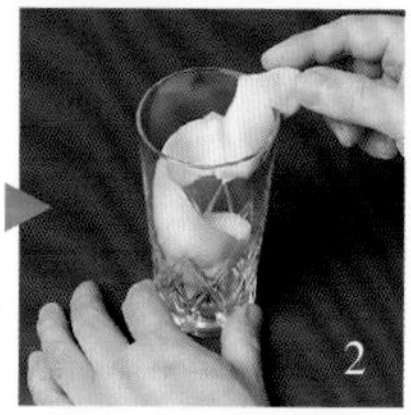

配合搅棒调整形状，使之显现出螺旋形。

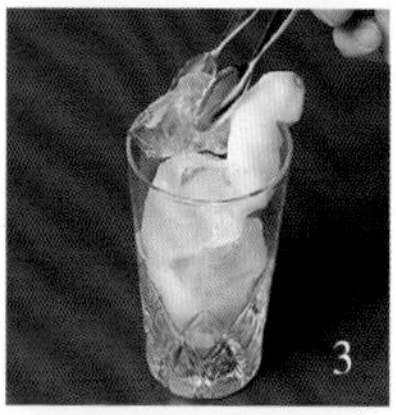

将小块冰放到螺旋形柠檬皮的空隙当中。

注入白兰地。

加满姜汁饮料。

使用搅棒轻轻混合。

要点是使柠檬皮呈现出马颈的形状。

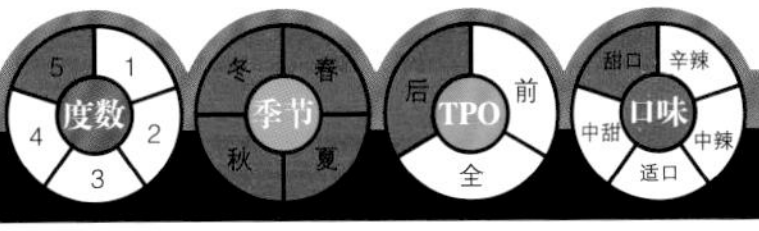

尼克拉西卡 *Nikolaschka*

酸甜味道在口中弥漫的同时白兰地的加入带来更加绝妙的感受。

●饮酒方式

品味尼克拉西卡时，首先要将放有砂糖的柠檬片直接入口轻咬，而后深品一口白兰地，使柠檬、砂糖以及白兰地混合，在口中形成鸡尾酒。柠檬片可以全吃，也可以去皮吃。

将白兰地稍稍冷却后饮用，口感会更加清爽美味。推荐在夏季选择。

●品味方法

柠檬与砂糖组合而成的造型犹如尼古拉三世的帽子，而“尼克拉西卡（Nikolaschka）”也可以说成是“尼古拉（Николай）”的爱称。由此会让人联想到这是一款诞生于俄罗斯的鸡尾酒，但实际上她的起源地是德国汉堡（Hamburg）。

若没有餐后酒酒杯，也可选择利口酒酒杯等小款酒杯来代替。

EQUIPMENT 准备物品

白兰地

利口酒酒杯

冰块

柠檬

INGREDIENTS 享受尼克拉西卡时的材料及用量

白兰地	45ml
柠檬片	1片
砂糖（白糖）	适量

METHOD 美味的制作方法

1 将柠檬切片。砂糖装入小玻璃杯中压实。

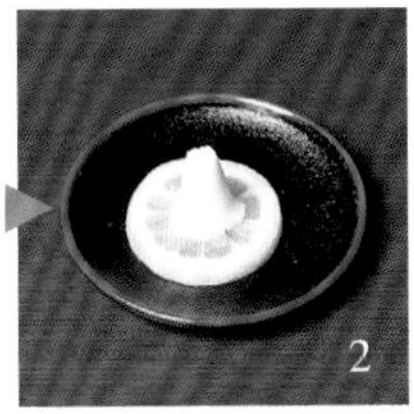
2 将成形的砂糖置于柠檬片之上并移至玻璃杯外。

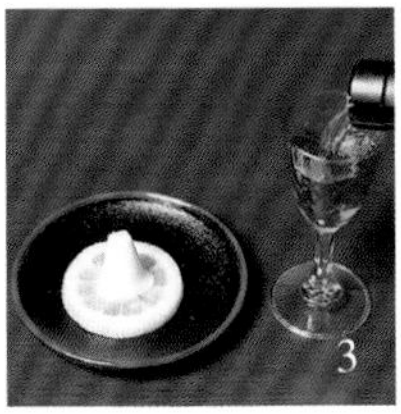
3 在利口酒酒杯中注入白兰地。

4 将放有砂糖的柠檬片放到玻璃杯上。

在口中制作而成的白兰地鸡尾酒。

适合与白兰地搭配的料理

白兰地以馥郁的酒香和奢华的品质而著称，与其他酒类相比，白兰地充满了高雅时尚的气质。为了使这种幸福感延续，所搭配的料理也一定要细腻奢华，具有高贵品质。

双色奶油干酪配干果

使用奶油干酪与果实及果汁混合制作成30余种梦幻式奶油干酪，从这些种类中挑选出蓝莓&黑加仑以及抹茶口味与美酒搭配。饱满的味道能够使幸福感得到升华。

材料（2人份）

★蓝莓&黑加仑奶油干酪

奶油干酪………………175g
生奶………………………22g
蓝莓果酱…………………适量
黑加仑利口酒…………15ml
咸饼干……………………1片

★抹茶奶油干酪

奶油干酪………………175g
生奶………………………22g
抹茶………………………适量
抹茶利口酒……………15ml
盐…………………………少许
咸饼干……………………1片

制作方法：

①将抹茶及抹茶利口酒与奶油干酪混合。
②一边加入生奶油一边使用打泡器搅拌，加盐后继续搅拌直至干酪起泡成形。
③用汤匙将做成的美味干酪盛放到咸饼干上。

★干果（配饮小食）

干无花果…………………………1个
带枝葡萄干………………………1枝

奢华高级食材与芳醇白兰地的完美搭配

奶油干酪与香槟酒及橘皮果酱融合而成的时尚佳品。混合后的丰富色味给人以完美享受。

苹果片与卡芒贝尔奶酪相夹烤制，散发出肉桂的风味

诺曼底产卡芒贝尔奶酪有“奶酪女王”之称。同时诺曼底也是苹果的著名产地，使用苹果酿造的白兰地“卡尔瓦多斯”十分有名。搭配诺曼底特产经典小食会令人感受到法国西北部的浪漫风情，不禁想给这种料理命名为“诺曼底的憧憬”。

材料（2人份）

- 卡芒贝尔奶酪……30g
- 苹果……1/2个
- 白砂糖……少许
- 肉桂粉……少许
- 肉桂棒……1根

制作方法

①苹果切成薄片，2片苹果之间夹入卡芒贝尔奶酪。
②撒上白砂糖及肉桂粉。
③在烤箱中烤制4~5分钟。
④盛放到盘中，用肉桂棒作为装饰。

可以看到照片后方的卡尔瓦多斯酒中浸泡着整个苹果，因此这种酒也被法国人称为“苹果囚徒”（被关起来的苹果）。

戈尔贡佐拉干酪与意大利熏火腿加料吐司

意大利帕尔玛产火腿与意大利熏火腿的口味都不是很咸，略带甜味。与意大利伦巴第区（Ronbarudeia）或皮埃蒙特（Piedmont）区产戈尔贡佐拉干酪搭配可做成美味料理，具有浓郁的意大利风味。

制作方法

①戈尔贡佐拉干酪切成薄片，卷入意大利熏火腿中。
②将包有干酪的火腿放到切片面包上，于烤箱中烤制4~5分钟。
③撒上胡椒及纯橄榄油。
④用甜罗勒叶装饰，再配合浆果小食。

材料（2人份）

- 戈尔贡佐拉干酪……2片
- 意大利熏火腿（生火腿）…2片
- 面包（切成薄片）……2片
- 甜罗勒叶……少许
- 纯橄榄油……少许
- （小食）
- 浆果……适量

戈尔贡佐拉干酪与生火腿连同甜罗勒叶一起放入口中，奢华的味道令人回味余久。与这款料理搭配的饮品可以选择意大利格拉帕酒或者香槟与白兰地配制而成的时尚鸡尾酒。

使用白兰地调制而成的鸡尾酒“莱拉风格香槟&白兰地”

被称为白兰地费兹（Brandy Fizz）鸡尾酒的香槟版。餐前、餐后均适合享用。

- 白兰地……45ml
- 香槟……80ml
- 柠檬汁……20ml
- 石榴汁……1.5ml

白兰地品牌精选24

●基本信息
1.制造公司名
2.原产地名
3.容量
4.酒精度数

●干邑（Cognac）

雷岛XO
Ile de Re XO

以潮湿海风中孕育的葡萄为原料岛内蒸馏酒厂酿造出的稀少品种

100%使用法国大西洋沿岸拉·罗谢尔港（La Rochelle）『雷岛』所栽培的葡萄，在岛内唯一的蒸馏酒厂中加工酿造，并长期存放于地窖中的稀少品种。所处环境与一般干邑不同，因而也造就出了其独特的酒风和个性，略带咸辣口味。推荐的饮酒方式是净饮、口里含少量天然海盐后饮用或者加1:1等量冰镇水饮用。

1.卡慕公司（Camus）
2.法国
3.700ml
4.40°

（左起）**豪达VSOP Elegance**
豪达宝玉拿破仑
豪达XO
豪达1975 Extra
Otard

精选干邑地区4个主要产区的葡萄原料进行酿制。葡萄品种包括有白玉霓（90%）、白福尔以及科隆巴。VSOP由大香槟区和小香槟区酿造8年以上的陈熟白兰地混合而成。拿破仑是15年以上的陈熟品，以柔和的水果香味为特征。XO是荣获2002年“当年最佳干邑”奖的35年以上陈熟品。Extra中大香槟区酒液的比率较XO更高，酿造时间更长，是包含有50年以上古酒的最高级系列。

1796年由市长豪达男爵首创一直沿袭秘制酿造传统奢华品质获得高度评价

1.科尼亚克城堡酒液公司
2.法国
3.均为700ml
4.均为40°

（左起）**卡慕VSOP　Elegance**
卡慕XO Elegance
卡慕Extra
卡慕金禧
Camus

边缘林区一直以来都是干邑的重要产区，这里生产的酒口味时尚且充满紫罗兰芳香，酒劲虽然较强，口感却圆润而奢华。还特别融入大香槟产区及小香槟产区的白兰地，从而实现了更加优雅而细腻的口感，具有独特的个性气质。曾经3次参加“国际葡萄酒&烈酒大赛”，并3次荣获金奖，此外还赢得了“世界最佳干邑”的美名。

1.卡慕酿酒公司（Camus）
2.法国
3.均为700ml
4.均为40°

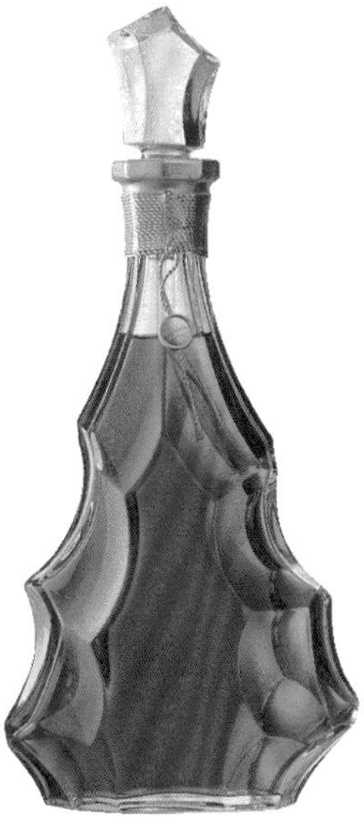

1863年起归家族所有
由家族独立经营的传统酿酒企业

法乐槟高级大香槟干邑
Frapin Grand Champagne VSOP

大香槟区品质保证的优秀干邑品牌，值得信赖

自16世纪以来，一直使用自家葡萄园栽培的优质葡萄酿造高品质白兰地，法乐槟干邑采用100%大香槟产区最优质酒液制作而成。VSOP也是世界上唯一具有大香槟区品质保证的著名白兰地酒品。

1.法乐槟酒业公司（Frapin）
2.法国
3.700ml
4.40°

拿破仑XO
Courvoisier XO

深受拿破仑喜爱的『宫廷御用酒』品牌

XO口感柔滑而浓郁，凭借其奢华的饮用感受在1986年『国际葡萄酒&烈酒大赛』中被选为世界第一干邑。为确保优质葡萄原料的供给量，酿造厂家只从签订有专属契约的农家购买葡萄。原酒出自边缘林区，具有厚重的口感。建议净饮、加冰或加水饮用。

1.拿破仑酒业公司
2.法国
3.700ml
4.40°

干邑XO+25年大香槟区水晶酒瓶

Cognac XO Grande Champagne

酒厂所有产品均获得农产品大奖

100%使用法国大西洋沿岸拉・罗谢尔港（La Rochelle）『雷岛』所栽培的葡萄，在岛内唯一的蒸馏酒厂中加工酿造，并长期存放于地窖中的稀少品种。所处环境与一般干邑不同，因而也造就出了其独特的酒风和个性，略带咸辣口味。推荐的饮酒方式是净饮、口里含少量天然海盐后饮用或者加1:1等量冰镇水饮用。

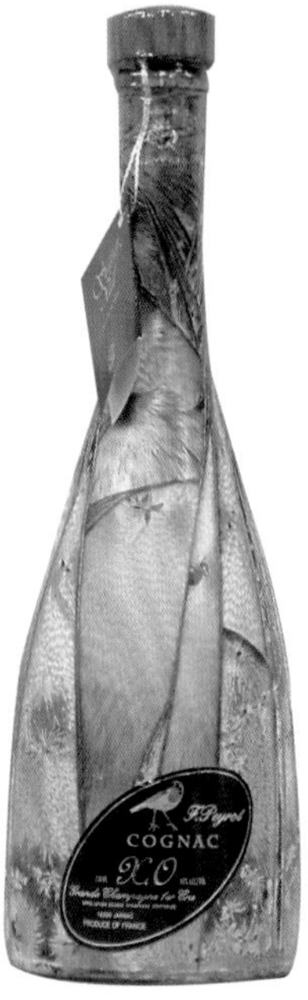

1.弗朗索瓦・佩罗公司（Francois Peyrot）
2.法国
3.700ml
4.40°

（左起）德拉曼陈酿1972
德拉曼XO Pale & Dry Decanter

Delamain

“陈酿1972”使用1972年收获的葡萄原料酿造而成，100%采用大香槟产区的葡萄品种。德拉曼酒业公司在原酒管理方面的成绩获得业界好评，1989年陈酿标志获得认可。“XO”由酿造25年以上的陈熟酒液与超过1个世纪的古老干邑混合而成。为追求卓越品质生产量稀少，只达到大规模制酒厂家的百分之一，灌装入雕花玻璃酒瓶中制成成品。

1.德拉曼酒业公司
2.法国
3.均为700ml
4.均为40°

1824年开始干邑酿造

“XO”产量稀少

孚日拿破仑干邑

Vosges Cognac Napoleon

实现了高品质、低价格的协同合作方式

3500名酿造者以追求更高品质干邑为目标，各自精选优质葡萄酒协同酿造，实现了划时代的协同合作方式。目前，Unicognac酒业公司的酿酒作业面积已达5000公顷，所使用的夏朗德式蒸馏器也达到了16台，在法国拥有屈指可数的规模。酿酒作业在分属的14个酒窖当中进行。

1.Unicognac酒业公司
2.法国
3.1000ml
4.40°

轩尼诗XO

Hennessy XO

世界上第一个获得商标认可的XO（Extra Old）干邑品牌

由干邑地区主要4个产区的葡萄原料酿造而成的约100种原酒勾兑而成。是世界上最初以XO（Extra Old）命名的优质干邑白兰地。酒质华贵酒香馥郁，以硬朗口味为特征，充满男性阳刚气魄，是正宗的干邑佳品。加冰或加苏打水饮用均可。

1.雅斯轩尼诗公司（Jas Hennessy & Co）
2.法国
3.700ml
4.40°

波莱城堡博尔德里

Chateau Paulet Borderie

数量稀少的100%边缘林区干邑

具有丰润的花朵芳香

1848年，在干邑市中心大香槟区的赛宫扎克堡（Segonzac）街道上，波莱城堡酒业公司成立，该公司拥有大量长期陈熟的边缘林区产优秀原酒。在秘藏古酒的酿造仓库中，以80年以上陈熟原酒为核心，不加水将酒液调整至47°后装瓶。强烈的酒劲以及丰润的花香都令人倍感享受。

1.波莱城堡酒业公司
2.法国
3.700ml
4.47°

路易老爷 Distillery · Collection Borderie

Louis Royer

具有悠久历史传统的法国著名干邑酒厂

路易老爷酿酒厂于1853年由24岁的路易·鲁瓦耶建立。自那时起就严格挑选优质原酒进行高品质干邑的酿造。精选栽培于独特土壤中的边缘林区产葡萄作为原料，酿造出口感爽快、香气馥郁的干邑白兰地美酒，柔滑而甜美的余韵带给人十足享受。

1.路易老爷酒业公司
2.法国
3.700ml
4.40°

金牌马爹利

Martell VSOP

给人以与众不同的新鲜感受，以马爹利之雾（Martell Mist）的方式来品味最为独特

创立于1715年。作为大规模干邑酒厂，马爹利拥有着值得夸耀的历史与传统。精选拥有『紫罗兰花香』、圆润柔和口味的边缘林区原酒丰富混合，造就出馥郁且香味宜人的优质口感。净饮、加冰、加水均可，最值得推荐的饮酒方式是融合许多碎冰形成的『马爹利之雾』，风味十分独特。

1.马爹利酒业公司
2.法国
3.750ml
4.40°

保罗吉罗25年

Paul Giraud 25 years

大香槟区完美平衡的酒质，充满圆润感和醍醐味道

保罗吉罗家族从1650年开始，就一直在大香槟产区地区沿袭着一成不变的酿酒工艺，执着地固守着白兰地的酿造传统。能够一直以高品质著称，其卓越之处就在于酒质的完美平衡。大香槟干邑的圆熟细腻以及保罗吉罗所特有的个性气质都值得去细细体味。

1.保罗吉罗家族
2.法国
3.700ml
4.40°

人头马特级香槟干邑

Remy Martin VSOP

名声远扬的特优级香槟干邑

创建于1724年历史悠久的著名酒厂，以长期量产特优级香槟干邑获得全世界范围的超高评价。使用年份为4~12年的原酒精心混合酿造。香草、橡木桶及榛仁等香味融合交织，洗练的口感令人愉悦。

1.人头马集团
2.法国
3.700ml
4.40°

● 雅文邑

劳巴德酒庄陈酿（上）
劳巴德酒庄XO（右）

Chateau de Laubade

只酿造下雅文邑地区优良白兰地的品质优先主义

只生产下雅文邑地区高级品质白兰地的品质优先主义酒厂。充分突出下雅文邑产区酒质特性，绝妙平衡的口感和香气带给人十足享受。所生产的XO是在许多酒类比赛中荣获金奖的足以为傲的品牌。陈酿之中混合有1918年~1994年的丰富原酒，共达80余种之多。

1.丽达酒业公司
2.法国
3.均为700ml
4.40°（陈酿中1970年和1958年为44°，1963年为46°）

卡尔瓦多斯

狮心王陈酿(右)经典限定(左)

Coeur de Lion

拥有私属苹果园区，全部酿酒过程经公司管理

位于诺曼底中心的昂日地区以及同地区北部都由公司管理的苹果园区，可实现蒸馏、酿造及混合一体化的酿酒过程。陈酿及特选酒种都在世界级酒类大赛中获得较高评价。经典限定以15年以上陈熟原酒混合后的平衡酒香而著称，与雪茄搭配可获得奢华享受。

1.狮心王酒业公司
2.法国
3.均为700ml
4.均为42°

夏博Extra Special

chabot

由海军元帅夏博的名字命名，与雪茄搭配获得至极享受

特级夏博选用下雅文邑地区40~50年陈熟原酒混合而成，灌装在八角形水晶切面酒瓶中。以奢华的前味酒香与甜美而圆熟的口感为特征。具有成熟水果风味，酒质达到完美平衡。餐后净饮或加冰时，点燃一支雪茄来搭配感觉会更加惬意。

1.夏博酒业公司
2.法国
3.700ml
4.40°

卡尔瓦多斯

Lhe·ritier-Guyot

滑爽的苹果香气细品过后余味悠长

创建于1845年的Lhe · ritier-Guyot酒业公司是法国最大的利口酒厂家。酒厂生产的卡尔瓦多斯酒只选择原产地统治称呼制度（AOC）中规定地区种植的苹果作为原料。采用天然手法使之发酵，精选在木桶中酿造5年以上的西打原酒，再经过2次蒸馏酿造而成。

1.Lhe · ritier-Guyot酒业公司
2.法国
3.700ml
4.40°

比尔·马格卢瓦尔20年

Pere Magloire 20ans Pay d' Auge

出自优良产地昂日地区的顶级名门

酒厂1821年创建于昂日地区中心主教桥市（Pont-L'Evêque）。比尔马格卢瓦尔酒业公司的最高级产品只使用20年以上陈熟原酒灌装而成。具有柔滑而高雅的酒香，凝缩的果实味道以及来自木桶的辛辣香味等，在口中复杂交织，静静弥漫。饮过之后如丝绸般柔滑的余韵久久回旋。搭配出自同一产地的洗浸奶酪（Wash Type Cheese）『主教桥奶酪』（Pont-L'Evêque）感觉会更加美味。

1.比尔·马格卢瓦尔酒业公司
2.法国
3.500ml
4.40°

布拉德XO

Boulard XO

成熟苹果的甜美香气及味道华丽馥郁的美酒世界

创建于1825年的著名的卡尔瓦多斯酒厂，拥有私属苹果园区，从原料挑选至酿造装瓶全部进行严格的品质管理。XO选料自卡尔瓦多斯当地最著名的苹果产地，使用120余种昂日产苹果酿造而成，是由8~40年陈熟原酒精心混合配制的最高级限定品。净饮或加冰享用均可。

1.布拉德酒业公司
2.法国
3.700ml
4.40°

●格拉帕（Grappa）

比安卡爱芭巴罗洛

Bianca D'Alba Barolo

由著名红葡萄酒『巴罗洛』的残渣蒸馏酿制，餐后净饮有助于消化

将制作意大利著名红葡萄酒『巴罗洛』时所使用的奈比奥罗葡萄残渣蒸馏，而后酿制成的格拉帕酒。具有浓厚的酒劲，口感独特。

1.玛柔（Maroro）酒业公司
2.意大利
3.500ml
4.40°

格拉帕迪巴罗洛芭西亚

Grappa di Barolo Bussia

具有甘洌口感及浓郁酒香，个性突出令人愉悦

北意大利皮埃蒙特区（Piemonte）以白松露和高级葡萄酒『巴罗洛』而闻名。从位于蒙法拉托阿尔巴地区普莱诺公司（Purunotto）所有的葡萄园『芭西亚』中，精选出『奈比奥罗（Nebbiolo）』品种酿制成『奈比奥罗达巴罗洛』葡萄酒，而后再利用葡萄残渣蒸馏酿制出格拉帕酒。奈比奥罗葡萄品种所具有的典型特征，在格拉帕酒精心蒸馏酿造的过程中丝毫没有被损坏，通过精致的口感完美地呈现出来。

1.普莱诺（Prunotto）酒业公司
2.意大利
3.500ml
4.45°

●其他

阿拉拉特纳伊利20年

Ararat

丘吉尔首相也十分钟爱的亚美尼亚产白兰地

在传说中诺亚方舟停留的阿拉拉特山谷酿造的『阿拉拉特』系列白兰地。据称丘吉尔首相由于特别钟爱该酒，每年会从那里订购400瓶享用。纳伊利是古代亚美尼亚国的国名。这种酒采用20余种白兰地勾兑而成，平均酿造年份为20年。凭借其圆润细腻的口感以及浓郁鲜美的酒香在白兰地系列中获得最高人气。

1.埃里温（Yerevan）白兰地酒厂
2.亚美尼亚共和国
3.500ml
4.41°

阿斯巴赫特选

Asbach Selection

驰名品牌，德国产白兰地极品

于世界闻名的葡萄酒产地吕德斯海姆（Rudesheim）创建的代表德国的白兰地品牌。其特选品种在1989年荣获『白兰地最高峰』的评价，奢华的品质也显示出阿斯巴赫酒业公司的至高水准。由贮藏在利穆赞橡木桶中最低15年以上的陈熟原酒混合酿制，品质可与干邑中的XO相媲美。

1.阿斯巴赫（Asbach）酒业公司
2.德国
3.700ml
4.40°

威士忌与软水搭配饮用

洋酒的味道与其中的水质息息相关。从酿造的过程来看，威士忌成败与否其关键就在于水质。

威士忌的酿造始于苏格兰，为了躲避赋税，酿酒者们纷纷逃往大山深处，并在那里发现了优良的水质，从而使苏格兰威士忌的品质得到提升。美国威士忌中，于肯塔基州酿造的波本威士忌酒（Bourbon Whiskey），也是由于使用了从石灰岩层中涌出的泉水而获得了极佳的品质。

在日本，寿屋（现三得利）最初在位于京都郊外的山崎建立了蒸馏酒厂，正是由于看好了这里优良的水质。出产日果威士忌（Nikka Whisky）的余市酿酒厂也将水质的选择看做是重要一环。

除此之外，金酒（Gin）以及龙舌兰酒（Tequila）等蒸馏酒在酿造时对水的选择也十分挑剔。需要通过加水的方式使最终蒸馏液的酒精度降低，若水质不佳，酒本身的质量就会受到影响。

由此可见，洋酒在酿造时对水质的选择十分注重，因而当我们品味洋酒时，也应该选择适合的水与酒相搭配，这样才能够享受到更加醇美的口味。

●『斯佩塞德·格兰威特（Speyside Glenlivet）』

●『滴生水（Deeside）』

●『三得利天然水 南阿尔卑斯』

●矿泉水的营养成分/1000ml中

硬度约37	硬度约22	硬度约30
钠/3.9mg	钠/6mg	钠/6.5mg
钙/12mg	钙/4mg	钙/9.7mg
镁/1.6mg	镁/3mg	镁/1.5mg
钾/0.7mg	钾/2mg	钾/2.8mg
pH值7.7	pH值6.1	pH值7.1

选择适合的水与酒相搭配

加水品味洋酒时，一般使用的是矿泉水。在选择时稍加用心，就能够获得更加美味的口感。

品味苏格兰纯麦威士忌的时候，选择酿酒时所使用的“母液（Water Mother，即原水）”与酒混合饮用最合适不过。若没有条件，选择同一地区出产的水也能够获得完美口感。例如，斯佩塞德地区有产自斯佩何流域的矿泉水“斯佩塞德·格兰威特（Speyside Glenlivet）”，高地地区的矿泉水中也有“滴生水（Deeside）”和“高地春天（Highland Spring）”等。

矿泉水中选择软水更加合适

矿泉水根据其中钙质及镁质含量的不同可分为软水、中软水以及硬水。每1升水中钙质及镁质的含有量代表其软硬度。按照世界保健机构（WHO）的标准，软水为0~60mg/l、中程度软水为60~120mg/l、硬水为120~180mg/l、特硬水为180mg/l以上。随着硬度的增加口感也会更加厚重。此外，特殊的科学构造使得水也具有突出物质香气及味道的作用。矿物质含量较少的软水这种力量更为强大。如威士忌和白兰地等特别注重香味的洋酒，为避免酒味受到影响，搭配硬度较低的水更加合适。

矿泉水除镁钙之外还含有其他的矿物质成分，根据采水地点的不同其含有量也会有所差异。在这当中有能够促进美味的成分，也有会导致口味变差或影响不大的成分，当这些成分达到一定的平衡状态时酒味才会更加醇美，酒香才能更加浓郁。同时也能够体现出不同矿泉水的个性差异。

品味洋酒，特别是品味威士忌及白兰地时，根据不同的品牌挑选出最适合的水与之相搭配，对于体会洋酒的味道具有十分重要的作用。

●『六甲美味水』

硬度约84
钠/16.9mg
钙/25.1mg
镁/5.2mg
钾/0.3mg
pH值7.4

●『优质苏打水（The premium soda）』

这些水质与使用山崎酒厂泉水酿造的威士忌搭配十分合适。

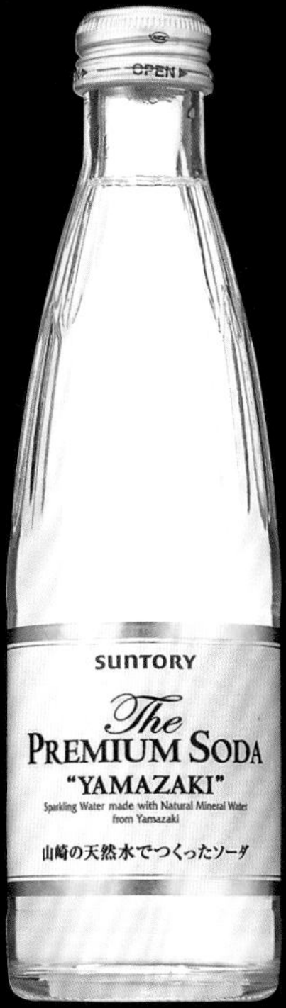

●苏格兰蒸馏酒厂的制酒用水

蒸馏厂名	种类
格兰菲迪（Glenfiddich）	软水
格兰威特（The Glenlivet）	硬水
斯特拉塞斯拉（Strathisla）	中软水
麦卡伦（The Macallan）	软水
拉佛多哥（Laphroaig）	软水
格兰杰（Glenmorangie）	硬水
高原骑士（Highland Park）	硬水

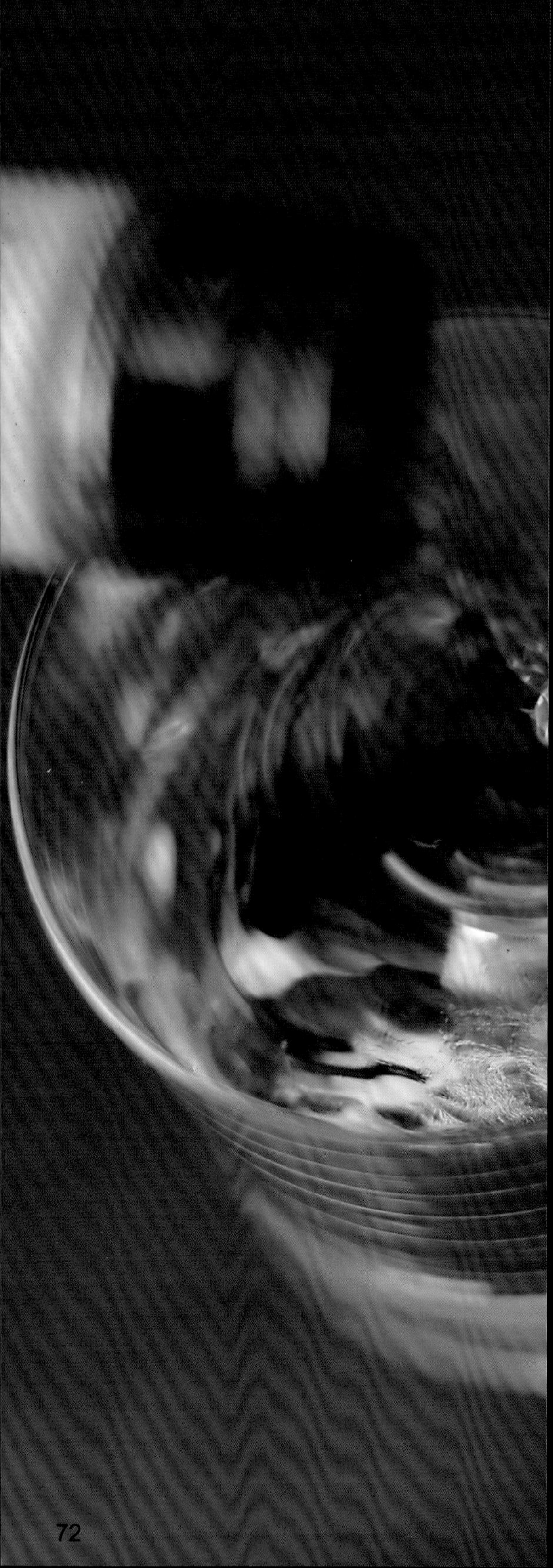

朗姆酒的历史

朗姆酒的原产地在古巴，大部分的朗姆酒品牌都是出自那里。古巴朗姆酒是由酿酒大师把作为原料的甘蔗蜜糖制得的甘蔗烧酒装进白色的橡木桶，之后经过多年的精心酿制，使其产生一股独特的，无与伦比的风味，从而成为古巴人喜欢喝的一种饮料，并且在国际市场上获得了广泛的欢迎。在哈瓦那的五分钱小酒馆，至今还留有海明威在1954年所题的一句话：“我的莫吉托在五分钱小酒馆，我的达伊基里在小佛罗里达餐馆。”所谓的“莫吉托”和“达伊基里”，分别是用朗姆酒调制的两款鸡尾酒。

16世纪，哥伦布发现新大陆后，在西印度群岛一带广泛种植甘蔗，榨取甘蔗制糖，在制糖时剩下许多残渣，这种副产品被称为糖蜜。人们把糖蜜、甘蔗汁在一起蒸馏，就形成新的蒸馏酒。但当时的酿造方法非常简单，酒质不好，只供种植园里的奴隶们喝，而奴隶主们喝的仍然是葡萄酒。后来蒸馏技术得到改进，把酒放在木桶里储存一段时间，就成为爽口的朗姆酒了。

那么，为什么称这种甘蔗酒为朗姆酒呢？说法很多，其中英国人对朗姆酒的名称来源有这样的描

How to drink and enjoy

RUM

朗姆酒的品饮方法

朗姆酒是男人用来博取女人芳心的最大法宝。它可以使女人从冷若冰霜变得柔情似水。

述：1745年，英国海军提督弗农在航海时发现手下的士兵患了坏血病，他命令士兵们停止喝啤酒，改喝西印度群岛的新饮料，凑巧把病治好了。这些士兵为感谢他，称弗农上将为老古怪，而把这种酒精饮料称为朗姆。

19世纪中叶，随着蒸汽机的引进，甘蔗种植园和朗姆酒厂在古巴增多。1837年古巴铺设铁路，引进一系列的先进技术，其中就有与酿酒业相关的技术。人们按照新技术酿制出了一种含低度酒精的朗姆酒。

以后，古巴企业家采用成批生产酿酒工艺替换了手工制作之后，朗姆酒产量大大增加。1966年和1967年，古巴朗姆酒酿造业得到了飞跃性的发展。从那时起古巴所有出口的朗姆酒都贴有原产地质量保证标记，以表明朗姆酒的高质量并保证真品。

古巴朗姆酒在国际消费市场的影响越来越大，在欧洲和拉美市场占据了重要的份额。人们喝了古巴朗姆酒后，对其品质无不啧啧称赞。

被称为“海盗之酒”的异国风味烈性酒

欧洲殖民政策发展来的甘蔗烈酒

对于诞生自加勒比地带的烈性朗姆酒，人们似乎不像对其他烈酒那样熟悉。但若列举出麦泰（Mai Tai）、蓝色夏威夷（Blue Hawaii）以及得其利福赞（Frozen Daiquiri）等鸡尾酒的名字后，想必大家就不会陌生了。使用朗姆酒调制而成的鸡尾酒经常能够勾起人们的旅途情怀，带来浓郁的地域风情。

朗姆酒的主要产地位于加勒比海周边地带，南美、南非、菲律宾以及印度等地也有酿造。朗姆酒具有与其他烈性酒不同的显著特征，从外观来看便可一目了然，其酒色十分独特。包括有无色透明、黄色及褐色类。无色透明的朗姆酒被称为白朗姆，黄色为金朗姆，褐色则为黑朗姆。不过并不是颜色浅就代表酒味清淡，颜色深就代表口味厚重，酒味的寡重很大程度上取决于朗姆酒的生产工艺。朗姆酒是一种带有浪漫色彩的酒，具有冒险精神的人，都喜欢用朗姆酒作为他们的饮品。朗姆酒素有“海盗之酒”的称号，英国曾流传着一首老歌，就是海盗用来赞颂朗姆酒的。据说英国人在征服加勒比海大小各岛屿的时候，最大的收获是为英国人带来了畅饮不尽的朗姆酒。

朗姆酒两大产地为英国殖民地和法国殖民地

在18世纪时，作为欧洲殖民地政策的一环，由葡萄牙、英国、法国以及西班牙等欧洲列强开始，掀起了大规模酿造朗姆酒的热潮。

其中法国和英国殖民地的朗姆酒酿造规模尤其庞大。但这两个国家所采用的酿造方法却有着很大的差异。

简单来说，英国以糖蜜酿造为主，法国则主要利用甘蔗榨汁来酿造，但有的地方也会使用糖蜜。此外还有一个很大的区别是，法国系朗姆酒分为农业生产朗姆及工业生产朗姆，而英国系朗姆酒则分为淡香、中浓以及浓香三种类型。

各地所选用的朗姆酒词缀也有所不同。英国为rum、法国为rhum，西班牙为ron，在葡萄牙语中则被写成rom。

按照英国学者们的说法，最初朗姆酒被称作英文

●加勒比海地带孕育而生的朗姆酒产地

的“rum”，大致原因是“岛上的原住居民们在饮用了由甘蔗酿造的蒸馏酒后十分兴奋（rumbullion，即一杯朗姆酒）”，由此便给这种酒起名为“rum”。随后传至各国，逐渐演变为上述各种不同的写法。

作为贸易政策的一环而发展的英国朗姆酒产业

朗姆酒可谓是英国三角贸易当中的一角。牙买加等殖民地制糖厂中生产的糖蜜通过船只运送到同属英国殖民地的美国新英格兰地区，在那里的蒸馏酒厂中被酿造成朗姆酒。装运糖蜜的船只再将成品朗姆酒运至非洲，用其交换黑人奴隶后再随商船返回加勒比海域。

政府对作为贸易政策的一环的朗姆酒生产实施了严格的监督和管理。朗姆酒可被看做是精糖的副产品，因而从效率方面考虑，一般不会采用甘蔗榨汁的方法来酿造。少数区域也会将甘蔗作为酿酒原料，这种方法被称作是“原始的酿造方式”。

如前所述，使用糖蜜酿造的英国系朗姆酒分为淡香、中浓以及浓香3种类型，由不同酿造方式下朗姆酒所产生的附属生成物含量来决定。副生成物含量多就属于浓香，量少则为淡香，中间状态被归类为中浓。

英国系朗姆酒的基本酿造方法是在糖蜜中加水调整pH值，而后加入酵母令其发酵，再进行蒸馏，酿造陈熟后将多种朗姆酒混合制成成品。

发酵过程：浓香朗姆酒为5~20日，淡香及中浓朗姆酒为2~4日。蒸馏过程：浓香朗姆酒在单式蒸馏器中进行2次，淡香朗姆酒使用连续式蒸馏机，中浓朗姆酒则利用连续式蒸馏机或改良单式蒸馏器。酿造过程：浓香朗姆酒在白橡木桶中酿造约3年以上，淡香

朗姆酒的品饮方法

朗姆酒贮藏在其他木桶或古木桶中约2年。中浓朗姆酒则在橡木桶中酿造1~3年。

不同的酿造过程也使朗姆酒表现出独特的个性差异。浓香具有柔和芳香，淡香无杂味最便于饮用，中浓是界于浓香与淡香之间的一种味道。淡香、中浓和浓香根据副生成物的含量来分类，与酒精度数无关。淡香类型蒸馏液的酒精度数为80°，中浓为70°~82.5°，浓香则为70°。以牙买加朗姆酒为例，成品朗姆酒的酒精度数大约在40°左右。

从酒色来看，淡香为白色（无色透明），中浓与浓香分为金色和褐色两个种类。浓香型随着酿造陈熟木桶的颜色会发生沉着，中浓类型除了木桶着色，有些地方还使用焦糖上色。

将甘蔗榨汁和糖蜜作为原料酿造出多彩朗姆酒的法国产地

法国也十分注重朗姆酒的生产。法系朗姆酒中以糖蜜为原料酿造的被称为“工业生产朗姆”，使用甘蔗榨汁酿造的称为“农业生产朗姆”，农业生产朗姆酒被认为具有更高的价值。

工业生产朗姆分为传统朗姆酒、轻质朗姆酒、香朗姆酒以及老朗姆酒4个种类。都先使糖蜜发酵2~4日，而后在连续式蒸馏机中蒸馏，经过一段时间酿造陈熟，最后混合制成成品。几个种类的不同之处就在于香味的强弱。副生成物最少的是清澈的传统朗姆酒，量多一些的为轻质朗姆酒，比率更高的是香朗姆，香味也依照这样的顺序逐渐增强。老朗姆需在木桶当中酿造3年以上，香味十分浓郁。这样酿造而成的朗姆酒基本色泽为金色或褐色。

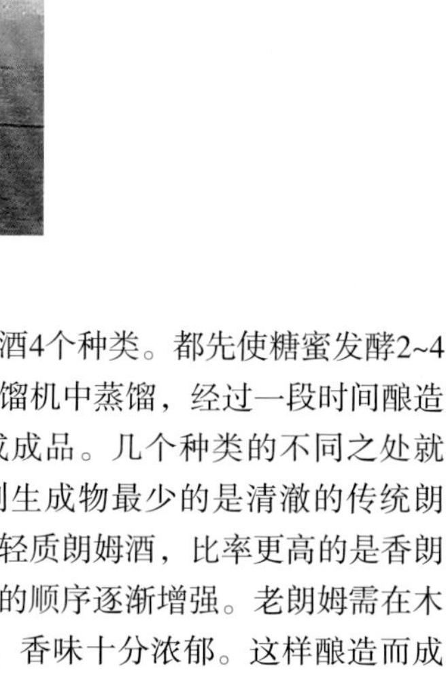

此外，农业生产朗姆分为白格拉巴（Grappeblanche）和老朗姆两种。均是使甘蔗榨汁发酵2~4日，而后用夏朗德式蒸馏器或连续式蒸馏机进行蒸馏。白格拉巴不经酿造及混合过程就直接做成成品，而老朗姆则需要贮藏3年以上，经混合后制成成品。白格拉

●朗姆酒的种类

	类型	原料	陈熟时间	颜色	副生成物量
英国系	淡香	糖蜜	酒桶或古木桶中约2年	无色（白）	少
	中浓	糖蜜	橡木桶中1~3年，有着色	金、褐	中量
	浓香	糖蜜	白色橡木桶中3年以上	金、褐	较多

命后酿造地点移至波多黎各），此外还有哈瓦那俱乐部（Havana Club）、波多黎各郎利可（RonRico）、摩根船长（Captain Morgan）以及唐Q（Don Q）等品牌。

相同的品牌由于所属种类不同也会存在差异，在加勒比海这样一个小范围区域内，由于过往的宗主国不同所酿造出的朗姆酒也风味各异。醉人的香味以及迷幻的色调能够带给人不同的愉悦享受。

●朗姆酒的种类

	法国系	原料	种类		陈熟时间	颜色	副生成物量
英国系	中浓	使甘蔗榨汁发酵	农业生产	白格拉巴	无须酿造	无色	
				老朗姆酒	橡木桶中3年以上	金色、褐色	
		使糖蜜发酵	农业生产	传统朗姆酒	一定时间	金色、褐色	少
				轻质朗姆酒	一定时间	金色、褐色	多
				香朗姆酒	一定时间	金色、褐色	更多
				老朗姆酒	3年	金色、褐色	最多

巴为白色（无色透明），老朗姆在酿造中由木桶着色，呈现出金色或者褐色。

从类型上讲，工业朗姆和农业朗姆基本都属于英国系“中浓类型”。

至今仍残留有殖民地时代特征的加勒比海朗姆酒

朗姆酒的产地分布从类型上来看，浓香朗姆以牙买加和圭亚那为主要产地，在原英国殖民地获得迅速发展；尤其著名的是牙买加朗姆酒，以美雅士（Myer's）、高鲁巴（Coruba）、埃普利顿（Appleton）等为代表。

中浓朗姆在以马提尼克岛为中心的法国殖民地上进行酿造，马提尼克岛也是现今的主要产地。科瑞芒（Cr é mant）以及三河城（Trois Rivieres）等品牌在日本十分有名。

淡香朗姆诞生于19世纪后半期，在连续式蒸馏机被发明之后，法国及英国系朗姆酒中都有这样的类型，主要在原西班牙殖民地上发展。其中最为著名的就是古巴的百加得朗姆酒（Bacardi）（古巴革

净饮 Straight

首先通过净饮来享受。细细品味因产地和厂家的不同所造就的不同酒质及风味。

●饮酒方式

如同高级威士忌一般具有优秀品质的陈年朗姆酒，可在常温状态下作为餐后酒慢慢享用。

●品味方法

朗姆酒有英国系和法国系之分，并各自分有不同的种类。品味不同类型的酒味差异成为了净饮的一大乐趣。

英国系朗姆分为浓香、中浓以及淡香三种。浓香具有独特的柔和芳香，随着酿制年份的增加酒质也会更加醇厚浓郁。淡香是一种清爽易饮的类型。中浓界于浓香与淡香之间。

法国系朗姆分为农业生产朗姆和工业生产朗姆，基本上都属于英国的中浓类型。农业朗姆酒中有蒸馏之后直接作为成品的“白格拉巴（Grappe Blanche）”，其甘蔗榨汁的风味十分令人陶醉。经过3年酿造而成的“老朗姆酒（Rhum・Vieux）”也以浓郁的口味而著称。工业朗姆酒当中，“传统朗姆酒”的特点是清澈且具有柔和的香味，“轻质朗姆酒”的香味更加浓郁。“香朗姆”则具有更加强烈的酒香。经过3年酿造陈熟的“老朗姆酒”与农业朗姆同样具有浓香的味道。

能够呈现出各种不同风味的朗姆酒佳酿，通过净饮来品味十分合适。

EQUIPMENT 准备物品

朗姆酒

净饮玻璃酒杯

INGREDIENTS 享受净饮时的材料及用量

朗姆酒…………………………………………………… 45ml

METHOD 美味的制作方法

在净饮酒杯中注入朗姆酒。

大玻璃杯中注水作为配饮。

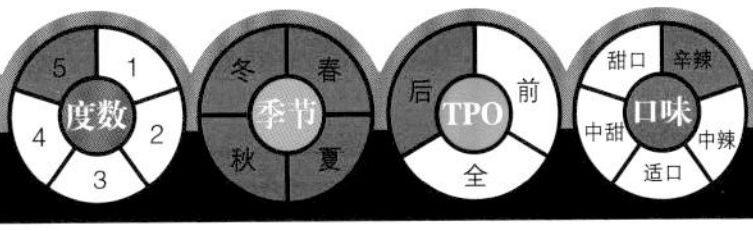

加冰 On the Rock

陈酿朗姆酒通过加冰的方式来饮用。悠闲时光中细细品味酒质的微妙变化。

●饮酒方式

丰富的质感及口味是朗姆酒最显著的特征，想要体验到各种不同的味道，除净饮之外选择加冰的方式也能够获得愉悦感受。

酒精度数较高的朗姆酒能够达到75.5°，对于不擅酒力的人来说，选择加冰的饮酒方式会更易接受。

陈年类型的朗姆酒可以在悠闲的时光中细细体味，随着冰块在酒中慢慢融化，丰富细腻的口感也会不断呈现出来。

●品味方法

选择加冰的饮酒方式时，所选用的冰块十分重要。市售冰块比家庭制冰块效果更佳。这是由于家中所制作的冰块中会含有许多不纯物质，质地较软，融化速度快，会使酒快速被稀释，口感变差。而市售冰块在制冰阶段会十分彻底地将不纯物去除，纯度较高，质地较硬，融化速度也更慢。

许多酒吧会提供圆形冰块来配酒，近来这种冰块在市场上也可以买到，家中品酒时可轻松利用。想体会到更浓郁的冰饮乐趣，选用加工成拳头大小的冰块效果更佳。为减慢冰块融化的速度，搭配棱角较少的圆形冰更加合适。

EQUIPMENT 准备物品

朗姆酒

冰饮玻璃杯

冰块

INGREDIENTS 享受加冰时的材料及用量

朗姆酒……………………………………………………… 45ml
冰块………………………………………………………… 适量

METHOD 美味的制作方法

1 在冰饮酒杯中放入1~2大块冰。

2 注入朗姆酒。

3 轻轻混合。

具有浓厚口感及风味的陈酿朗姆酒，建议加冰饮用。

自由古巴调和酒 *Cuba Libre*

朗姆搭配可乐的休闲式鸡尾酒饮品，具有润喉作用的美味享受。

●饮酒方式

要点是在注入可乐的时候不直接注到冰块上，而是从玻璃杯边缘轻轻注入朗姆酒中，之后再加以混合。若将可乐直接注到冰块上，碳酸汽就会很快消失，从而影响口感。

使用搅棒进行混合的时候，只需将搅棒插入到杯中，上下轻轻搅动1~2次即可。

可乐的味道也许会比朗姆突出，一定要选择正宗朗姆酒来制作美味，选择口感轻快的淡香类型为佳。想要品味更加浓郁的朗姆酒味道，也可选择中浓或者浓香类型来作比较，从中体会不同风味所带来的乐趣。

●品味方法

“Cuba Libre”的意思是自由古巴。古巴在美国的支持下于1902年获得独立，民众振臂高呼：“自由古巴万岁！”后来便将这句口号作为了鸡尾酒的名字。

古巴特产朗姆酒与美国的可口可乐相融合，造就出独特的风味及口感，这款调和酒也成为了当时两国友好关系的重要象征。

EQUIPMENT 准备物品

INGREDIENTS 享受自由古巴时的材料及用量

朗姆酒	45ml
冰镇可口可乐	适量
酸橙（切瓣）	1/6或1/4个
冰块	适量

METHOD 美味的制作方法

在大玻璃杯中放入冰块。

注入朗姆酒。

加满可口可乐。

使用搅棒轻轻混合。

用1/6或1/4个切瓣酸橙来装饰。

饮用前可先挤入酸橙汁加味。

加苏打水 *Rum & Soda*

融合了苏打水的爽快口感，饮用前加入酸橙榨汁使口味更加鲜明。

●饮酒方式

选择加苏打水的饮酒方式时，搭配酸橙或柠檬会获得更加清凉的口感。混合苏打水之后，将酸橙或柠檬切成1/6或1/4瓣来做装饰，饮用之前挤入酸汁。融合苏打水前榨汁就会做成利克酒（Rickey）。

也可使用汤力水代替苏打水与朗姆酒混合，融入微苦的味道，从中也能够体会到另外一种不同的风味。

除此之外，还有苏打水与汤力水各混合入一半的“Sonic”饮法。

●品味方法

朗姆酒分有白朗姆（透明）、金朗姆以及黑朗姆3种类型，选择金朗姆与苏打水融合酒色最为迷人。

值得注意的是，朗姆酒根据不同的酿造时间下副生成物的含有量可分为淡香、中浓以及浓香3类，但酒色与陈熟度之间却没有完全对应的关系。

白朗姆大多属于淡香类型，而在中浓及浓香类型中却有金色和褐色两种色调，淡香类型中也有褐色。因此在选择朗姆酒的时候，不要光凭色调来判断，而要看清所属的类型。

EQUIPMENT 准备物品

朗姆酒

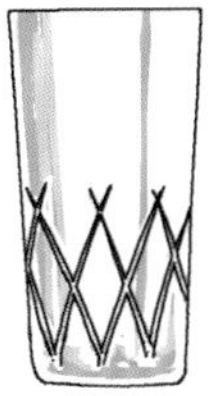

大玻璃杯

冰镇苏打水

冰块

INGREDIENTS 享受加苏打水时的材料及用量

朗姆酒	45ml
冰镇苏打水	适量
冰块	适量

METHOD 美味的制作方法

在大玻璃杯中放入冰块。

注入朗姆酒。

加满苏打水。

使用搅棒轻轻混合。

可根据个人喜好用切瓣酸橙来装饰。

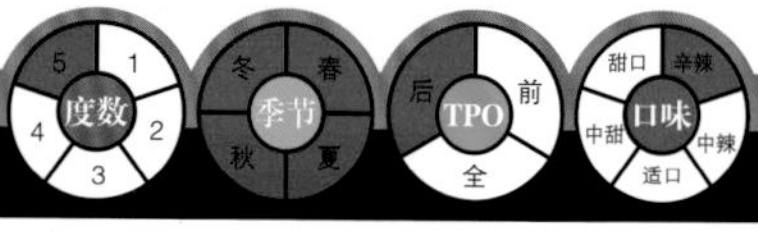

热黄油朗姆酒 *Hot Buttered Rum*

寒冷的冬日里加入热水和黄油，品味更加醇香的口感，是能够使身体由内温热的感冒特效药。

●饮酒方式

具有浓郁的口味及香气，在寒冷的冬日中能够使身体由内温热起来的特制鸡尾酒。特别推荐在感冒时饮用。使用普通砂糖代替方糖也可以，分量可依照个人口味来调节。若没有带手柄的杯子，还可选择其他瓷杯来代替。

●品味方法

虽然朗姆酒中也包括有淡香和中浓类型，但选择具有更浓厚的质感及甜味的黑朗姆来制作这款鸡尾酒更加合适。

用牛奶代替热水可制成“热黄油牛奶朗姆”鸡尾酒。在这款鸡尾酒中牛奶会与朗姆酒呈现出分层状态，另外还不要忘记用切片柠檬来做装饰。

EQUIPMENT 准备物品

INGREDIENTS 享受热黄油朗姆酒时的材料及用量

黑朗姆酒	45ml
方糖	1~2块
黄油	1片
热水	适量
柠檬片	1片

METHOD 美味的制作方法

1 在带有手柄的玻璃杯中注入黑朗姆酒。

2 加入1~2块方糖。

3 加入1片黄油。

4 注入热水。

5 使用搅棒充分混合。

用柠檬片做装饰，还可依照个人喜好撒些肉桂粉后饮用。

莫吉托 *Mojito*

融合薄荷与酸橙的浓郁香味，清凉味道造就人气夏日饮品。

●饮酒方式

这款鸡尾酒据说是由加勒比海域的英国海盗弗朗西斯・德雷克所创造的，在西印度群岛的哈瓦那及金斯敦等地十分流行。作为经典鸡尾酒之一也经常被人们提及。

“莫吉托”也被认为是由“斯马喜”派生而来。“斯马喜”是在玻璃杯中放入捣碎的薄荷叶，加入砂糖，融入基酒及碎冰块而制成的，再加入柠檬汁或酸橙汁就形成了“莫吉托”。莫吉托具有浓郁的果汁酸味，较“斯马喜”具有更清凉的口感。这款鸡尾酒也成为了夏日中的人气饮品。想获得更加浓郁的薄荷味道，还可添加入用手揉碎的薄荷叶子。此外还有人认为“莫吉托”包含有“魔法”或“魔力保护”的意味，这来源于“伏都教（非洲、西印度群岛等地的一种土著教）”中的“mojo”一词。饮用莫吉托也能够代表对神的尊崇之意。

EQUIPMENT 准备物品

INGREDIENTS 享受莫吉托时的材料及用量

白朗姆酒	45ml	薄荷叶	6~7片
糖浆	10ml	酸橙（切瓣）	1/8个
冰镇苏打水	适量	碎冰块	适量

METHOD 美味的制作方法

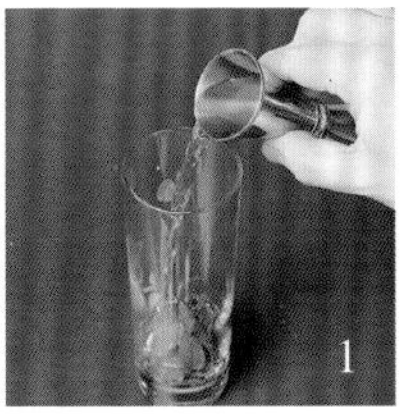
1 在可林杯中放入6~7片薄荷叶。

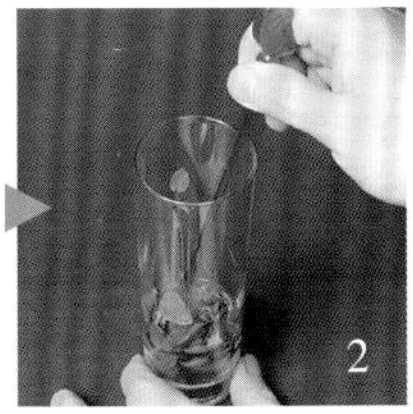
2 注入白朗姆酒。

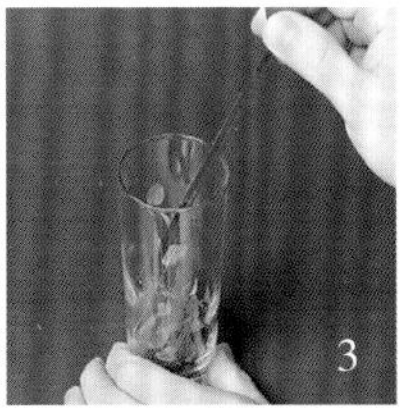
3 使用搅棒将薄荷叶捣碎。

4 加入糖浆和捣碎冰块，再使用搅棒捣碎薄荷叶。

5 注满苏打水。

6 充分混合。

使用切瓣酸橙和薄荷叶来装饰。

适合与朗姆酒搭配的料理

朗姆酒是使甘蔗榨汁或糖蜜发酵后酿制而成的蒸馏酒。具有甜美的香气及诱人的口感，尤其受到女性的欢迎。在这里向你介绍几款适合与朗姆酒搭配的加勒比海当地料理，即克里奥（Creole）料理。

PALMITO（椰子心）

材料（2人份）

椰子心（罐头）…… 250g
<调味汁>
白葡萄酒…… 50ml
西洋酒醋……200ml
酸橙汁…… 10ml
小哈瓦那辣椒…… 1/3个
盐…… 适量
大蒜…… 1瓣

朗姆酒可使辛辣味料理更加美味

制作方法：

①将椰子心切成3cm左右的块状。
②将调味汁的材料倒入锅中小火煮沸，冷却后浇在①上。

进口到日本的椰子心罐头都为半熟状态，因而能使料理更加轻松美味。

猪肉科伦坡散发出肉桂的风味

克里奥料理中的代表菜品。原本是使用当地蔬菜制作而成的一款杂烩式料理。废止奴隶制之后，又加入了由南印度移居至此的劳动者们所带来的辛辣味食材，从而形成了如今类似咖喱一般的料理样式。当地的主食是印度大米（Basmati）。

这款料理还可使用鱼贝类或其他肉类制作。

材料（4人份）

猪里脊肉……100g
洋葱……1个
大蒜……1瓣
小哈瓦那辣椒……适量
西红柿……1个
绿皮西葫芦……1个
茄子……1个
<香料类>
百里香、意大利香草、
月桂树叶……适量
<科伦坡粉>
姜黄根粉、香草叶、茴芹、
香菜、米粉……适量
<马萨拉香料粉>
肉豆蔻、肉桂皮……适量

制作方法

①将洋葱切成碎末，放入<香料类>进行翻炒。
②炒软之后加入切碎的西红柿。
③猪里脊肉撒上粗盐放至冰箱中腌制2～3日，取出后无需去盐直接放入锅中。
④绿皮西葫芦和茄子切成细条，全部煮软。
⑤加入榨好的蒜蓉汁以及小哈瓦那辣椒。
⑥撒入<科伦坡粉>和<马萨拉香料粉>，制作完成。
⑦总时间大约1.5小时。注意不要将食材煮得过散。

芒果腌菜（souskai）

芒果的甜美气息融合小哈瓦那辣椒的辛辣味道，实现绝妙平衡口感。作为配菜小吃十分合适。

制作方法

①将芒果切成适合入口的大小并撒上少许盐。
②小哈瓦那辣椒用菜刀捣成碎糊状，大蒜压碎榨汁。加入盐、酸橙汁及葡萄子油。
③在②的调味汁中加入芒果，放入冰箱中冷藏20分钟后取出食用。

材料（2人份）

芒果……1个
盐……少许
<调味汁>
小哈瓦那辣椒……1/8个
（市售调味汁亦可）
大蒜……1/4瓣
酸橙榨汁……1/4个
葡萄子油……1大汤匙

使用香蕉或番木瓜等来调味也很美味。

使用朗姆酒调制而成的鸡尾酒“Tie Ponche”

Tie表示“小”，“Ponche”代表“5个”的意思。结合起来就是指由许多材料混合而成的“迷你混合饮品”。朗姆酒可根据色调来分类，无色朗姆酒被称为白朗姆。

白朗姆……适量
砂糖……适量
酸橙……1/8个

朗姆酒品牌精选23

●基本信息
1.制造公司名
2.原产地名
3.容量
4.酒精度数

老JM 1990朗姆

Rhum J.M 1990 Vieux

马提尼克岛产最高级产品，口味辛辣，余香悠长，喉部深处残留余韵

加勒比海域法属海外领地马提尼克岛上出产的朗姆酒，经10年酿造后装瓶。饮用时无须加水，以微甜的酒香为特征。口感辛辣余味悠长，饮过之后喉部深处依然残留余韵。净饮即可轻松享受。

1.JM朗姆
2.法国
3.700ml
4.49.6°

J·B·特烈朗姆酒63°

J.B.Overproof Rum 63%

J·B·是牙买加朗姆酒品牌的略称，是酒精度为63°的浓烈朗姆酒

发酵后严谨细致的酿造过程是长久保持醇香美味的奥秘。更具南国风味的朗姆酒以入口前清爽的香气为特征。度数较高，很适合作为鸡尾酒的基酒。

1.朗姆酒公司（The Rum Company）
2. 牙买加
3. 750ml
4. 63°

（左起）阿普尔顿白朗姆 阿普尔顿金朗姆 阿普尔顿5年 阿普尔顿12年

Appleton

英国人乔恩·阿普尔顿开拓农林
1825年开始生产酿造

1. J Wray & Nephew酒业公司
2.牙买加
3.均为750ml
4.40° （12年为43°）

白朗姆在牙买加朗姆酒中属于淡香类型，清爽的香气最适合作为鸡尾酒的基酒。金朗姆是口感较为丰富的中度清淡类型。5年及12年是在壶式蒸馏器中蒸馏之后，再经过木桶酿造而成的陈熟黑朗姆酒。5年口感甜美，是带有熏烤味道的更具牙买加风格的朗姆酒。12年兼备爽滑口感及强劲味道，口味不比年代久远的干邑逊色。

老牙买加朗姆

Old Jamaica Rum

牙买加产浓香朗姆酒代表，不使用着色料，呈现出自然的琥珀色调

在世界各国商品展览会上荣获多数奖项的牙买加产浓香型朗姆酒代表。在橡木桶中长期酿造陈熟，形成了甘美优秀的品质。未使用任何着色料，因长期木桶贮藏而获得自然的琥珀色及朗姆酒特有的香气，以清爽的口感为特征。

1. J Wray & Nephew 酒业公司
2.牙买加
3.1000ml
4.50°

摩根船长朗姆酒

Captain Morgan Spiced Rum

天然的甜美芳香，令人愉悦的新型朗姆酒

是以1635年出生于英国，后成为加勒比海海盗头目（船长）的亨利摩根（Henry Morgan）的名字来命名的。摩根船长回到英国后被授予了爵士称号。以在优质朗姆酒中融入香草精华、杏以及无花果等天然原料而形成的甜美香气为特征。充满浓郁热带气息的口感带给人开怀享受。建议加冰或加苏打水饮用。

1.摩根船长朗姆酒酒业公司
2.波多黎各
3.750ml
4.35°

达穆瓦索15年

Damoiseau 15years

农业制法造就柔和风味及醇厚丰富的口感

马提尼克岛附近法属领地瓜德罗普岛（Guadeloupe）出产的优秀朗姆酒。采用农业制法于1986年蒸馏，而后在橡木桶中酿造15年以上。具有异常柔和的风味及醇厚丰富的口感。为限量生产品。

1. 达穆瓦索酒业公司
2.法属领地瓜德罗普岛
3.700ml
4.42°

老克莱蒙朗姆酒

Clement Rhum vieux

推荐加冰饮用。岛上两大朗姆酒品牌之一

由荷马克莱蒙（Homere Clement）所创造的克莱蒙朗姆酒是马提尼克岛的代表品牌。是100%使用天然甘蔗榨汁，采用农业制法酿造而成的优质朗姆酒。融合有香草及水果的芳香气息，质感柔滑。建议加冰饮用。

1. Heritiers Clement酒业公司
2.法国海外领地（马提尼克岛）
3.700ml
4.44°

（右起）

三河城 布朗
三河城 5年
三河城 1997

Trois Rivieres

农业制法造就丰富香气，甘蔗的甜美味道令人愉悦

酒的名称源自川流于甘蔗园中的3条河流（法语中称为三河）。布朗可被看做是古典朗姆酒的原点之作，具有鲜明的个性口感，是值得洋酒爱好者品尝的一款正宗白朗姆。5年从新鲜的水果香味，到干果气息及辛辣味道，带给人浓郁十足的丰富口感。1997是在马提尼克岛上采用农业制法酿造的，具有丰富口感及甘蔗香气的朗姆酒，也体现出古典朗姆酒的原始味道。以上均为限量品。

1.三河城酒业公司
2.法国海外领地（马提尼克岛）
3.均为700ml
4.50°（1997为42°）

内格丽达朗姆酒

Negrita Rum

加勒比海域诞生，波尔多酿造陈熟的贵妇朗姆

在西印度群岛马提尼克岛上蒸馏之后，运至法国波尔多酿造陈熟，是酒香浓郁的中浓型朗姆酒。具有浓郁的香气和独特口感，充分突出了法国传统朗姆酒的风味，可谓朗姆之中的贵妇级别。

1. 蓓迪妮公司
2.法国海外领地（马提尼克岛）
3.1000ml
4.44°

帝龙老朗姆VSOP

Dillon Tres Vieux Rhum VSOP

只有在三星级以上酒店才可品尝到的最高级朗姆酒

马提尼克岛蓓迪妮（Bardinet）公司帝龙蒸馏酒厂出产，只有在法国三星级以上酒店才能够品尝到的最高级朗姆酒。橡木桶中长期酿造陈熟，是近年来被AOC（原产地统制称呼法）所认定的唯一朗姆酒品牌。采用农业制法精心酿造而成，口味悠长令人愉悦。

1. 蓓迪妮公司
2.法国海外领地（马提尼克岛）
3.700ml
4.43°

百加得限量陈酿（上右）
百加得柠檬朗姆（上左）
百家得金标（下右）
百加得151（下右中）
百加得黑标（下左中）
百加得8年（下右）

Bacardi

淡香型清爽润滑的口感世界闻名

1.百加得酒业公司
2.波多黎各
3.750ml（柠檬700ml）
4.40°（151为75.5°，黑标为37.5°）

限量陈酿以世界上最高的朗姆酒销售纪录而著称，作为鸡尾酒的基酒在酒吧中也被广泛使用。柠檬朗姆是以柠檬、酸橙以及葡萄柚等水果香味为特点的朗姆酒。金标具有十足的陈熟感，期待更丰富朗姆口味时可以选择。151是具有原始正宗味道的高酒精度浓烈朗姆酒。黑标的酿造需要花费较长时间，口味浓质醇厚，在用来制作热带鸡尾酒时，可使口感更加深邃。8年是经过8年酿造的高级黑朗姆。可选择净饮及加冰方式饮用，与古巴雪茄搭配最为享受。

战斗精神
瓜德罗普岛 Pierre蒸馏所

Fighting Spirit Marie Galante Distille Par Dominique Thiery

蒸馏之后省略酿制过程的年轻朗姆酒，适合制作鸡尾酒或加少量水饮用

瓜德罗普岛的名字来源于哥伦布第二次航海时所使用的帆船队名称。与马提尼克岛一样，法属海外领地瓜德罗普岛所生产的朗姆酒产量也十分稀少。不经陈熟酿造的白朗姆酒建议用作鸡尾酒的基酒，也可加少量水稀释后饮用。

1.尚塔尔孔泰酒业公司
2.法国
3.700ml
4.50°

（右起）
哈瓦那俱乐部白朗姆酒
哈瓦那俱乐部3年
哈瓦那俱乐部7年

Havana Club

具有古巴朗姆正统特质的个性派朗姆酒

出产于被称为『甘蔗乐园』的季风气候中，于1878年开始酿造的哈瓦那俱乐部。白朗姆酒十分适合作为鸡尾酒的基酒。3年是最适合制作古巴鸡尾酒的经3年酿造陈熟的优质白朗姆，尤其适合制作莫吉托或代基里酒等鸡尾酒。7年是酿造7年陈熟的具有丰富口感的优质黑朗姆。净饮或加冰饮用均可。

1.哈瓦那俱乐部国际酒业公司
2.古巴
3.均为750ml
4.均为40°

百露陈酿
瓜德罗普岛 Pierre蒸馏所

Rhum Vieux Marie Galante brut de futs Distillerie Bielle

大地乐园中精心培育，细腻口感余味悠长

法国海外领地瓜德罗普岛出产。这个岛屿可谓是免遭环境破坏的天然乐园之一。搬运甘蔗时依旧与18世纪一样使用牛车。现存的蒸馏酒厂有3家。在远离商业侵染的原始状态下进行着精心的蒸馏酿造。所生产的朗姆酒具有浓厚的油质和新鲜水果的芳香，以及特别的黄油奶糖的香醇口味。

1.尚塔尔孔泰酒业公司
2.法国
3.700ml
4.58°

美雅士朗姆酒

Myer's Rum

作为鸡尾酒『庄园宾治』基酒的牙买加No.1朗姆酒

在牙买加蒸馏后注入白橡木桶中，运送至气候适宜的英国利物浦酿造而成的黑朗姆酒。以华丽的酒香和丰富的口味而著称。加冰、净饮、加苏打水或可乐、橙汁等都可品尝到美雅士原始正宗的味道，冬季建议选择热饮。

1. Fred L. MYERS & Son酒业公司
2.牙买加
3.700ml
4.40°

（右起）
旅行家之树 VSOP 戴帕兹蒸馏酒厂
旅行家之树 1998 La Favorite蒸馏酒厂

L'Arbre du Voyageur

引人注目的法属岛屿中诞生个性丰富的口味

「L' Arbre du Voyageur」在英语中的意思是「Traveller' sTree（旅行家之树）」。VSOP是在戴帕兹蒸馏酒厂蒸馏后，转至尚塔尔孔泰公司的小酒桶中酿造陈熟，而后再在大桶中酿造1年的陈熟朗姆酒。具有时尚且香甜的口味，炒杏仁及柠檬的香气令人愉悦。建议通过净饮方式享受正宗口感。1998是在「La Favorite蒸馏酒厂」中酿造陈熟的朗姆酒。橙子皮的香气及木桶熏烤的焦香味道与辛辣口感巧妙融合。酒中还带有酸橙皮、桂皮以及面包的香味，余韵中残留有淡淡的茴芹气息。

1.尚塔尔孔泰酒业公司
2.法国海外领地（马提尼克岛）
3.均为700ml
4.VSOP为45°、1998为40°

培雷山XO 戴帕兹酿酒厂

Montague Pelee XO Distillerie Depaz

长期酿造陈熟，具有复杂而个性的香味及口感

高品质朗姆酒产地马提尼克岛所出产的朗姆酒，由尚塔尔孔泰酒业公司灌装并销售。小桶中酿造7年陈熟之后再转至大桶中酿造3年。香气中含有可可豆、蜂蜜、香橙皮以及水果精华的味道。品尝时会带有香橙、鲜花、生姜、香草以及杉树味的口感。

1.尚塔尔孔泰酒业公司
2.法国
3.700ml
4.45°

（右起）
柠檬哈妥 白朗姆 柠檬哈妥 德梅拉拉（红糖甜酒）

Lemon Hart

具有值得夸耀的历史传统，英国系朗姆酒代表

流经南美大陆北部旧英国领地圭亚那的德梅拉拉河沿岸，从很早以前开始就作为朗姆酒的著名产地而闻名于世。白朗姆是适合制作鸡尾酒的淡香类型。德梅拉拉是将原酒运送至英国贮藏、酿造混合后制成的成品。具有华丽的深邃酒香以及洗练的甘甜味道。是平衡度优秀的优质金朗姆。净饮、加冰享受均可。

1.联合多米尼克公司
（Allied Domecq）
2.圭亚那
3.白朗姆700ml、德梅拉拉750ml
4.40°

乐古黑朗姆54°

Legoll Dark Rhum 54%

丰富而饱满的香气，马提尼克岛精心出品

这款精心酿造的朗姆酒不像其他酒类那样具有明显的辛辣味道，丰富饱满的木桶气息融合醇厚的饮用口感。度数较高作为鸡尾酒的基酒也很适合。

1. 乐古酒业公司
2.法国海外领地
（马提尼克岛）
3.750ml/30ml（小瓶装）
4.54°

隆迪尔·巴里特3星

Ron del Barrilito

橡木桶中经10年酿造陈熟具有焦香烘烤的木桶味道以及圆润柔和的口感

总经销费尔南德斯酒业公司从大牌酿酒厂百加得波多黎各工厂购买入蒸馏后的朗姆原酒，独自混装酿造后做成成品销售。这款3星是使用10年橡木桶陈熟的原酒混合而成的。具有浓郁的烘烤味道以及圆润柔和的口感。

1. 埃德蒙B费尔南德斯酒业公司
2.波多黎各
3.750ml
4.43°

（右起）

罗恩·萨凯帕·森特纳里欧15年
罗恩·萨凯帕·森特纳里欧23年

Ron Zacapa Centenario

国际朗姆节上连续5年获得金奖的高级朗姆酒

15年是以雪莉桶中酿造陈熟的15年原酒为核心混合之后，又在美国白橡木桶中酿造12个月以上制成的。具有香草的甜美气息以及杏仁、干果的味道，始终保持着辛辣圆润的绝妙平衡，很适合作为鸡尾酒的基酒。23年以23年酿造陈熟的朗姆酒为核心，混合20余种原酒后再在橡木桶中酿造4年制成的成品。净饮或加冰饮用均可。

1. Industrias Licoreras de Guatemala
2.危地马拉
3.750ml
4.40°

（右起）

郎立可 白朗姆
郎立可 金朗姆
郎立可 151

RONRICO

具有奢华的酒香及口味，代表波多黎各的传统朗姆酒品牌

酒厂创建于1860年。白朗姆以爽滑柔和的口感为特征。简单搭配可乐或橙汁等就能够制作成美味的朗姆酒饮品。加苏打水或加冰也会带给人愉悦感受。金朗姆以爽滑醇厚的质感为特征。可融合柠檬或酸橙榨汁，加冰来饮用。用作鸡尾酒基酒时，也能够获得正宗的加勒比海风味。151以强劲浓郁的口感为特征，融合水、苏打、果汁或柠檬、酸橙榨汁后加冰饮用十分享受。

1.郎立可酒业公司
2.波多黎各
3.均为700ml
4.40° （151为73.5°）

罗恩·波特兰 白朗姆（上右）
罗恩·波特兰 金朗姆（上左）
罗恩·波特兰 陈酿（下左）
罗恩·波特兰 雪莉桶陈酿（下右）

Ron Botran

危地马拉 Licoreras酿酒公司的代表品牌

在危地马拉出产的为数众多的朗姆酒当中被誉为No.1的朗姆酒品牌。白朗姆酿造3年陈熟。鲜明的饮用口感在用作鸡尾酒基酒时，浓烈味道毫不逊于其他混合材料。金朗姆以在白橡木桶中酿造5年的原酒为中心混合而成。与白朗姆相比口味更加温和深邃。陈酿以酿造12年的原酒为中心混合而成，具有如乳制品一般的香醇味道。柔和的舌尖感触以及幼滑的越喉质感，最适合作为高人气自由古巴鸡尾酒的基酒。雪莉桶陈酿采用雪莉酿酒系统（雪莉酒的酿成方法）长期酿造陈熟，具有温和洗练、香醇柔滑的口味。

1.Industrias Licoreras De Guatemala
2.危地马拉
3.均为750ml
4.均为40°

美味冰块的硬度和透明度最为重要

品味洋酒时，冰块必不可少。除净饮和威士忌兑水（twice up）饮法之外，加冰、加水、加苏打或制作鸡尾酒时都要使用到冰块。通常在这种时候，洋酒通们会根据不同的饮酒方式选择不同类型的冰块来搭配。

选择高透明度、硬质无味的冰块

能够使人感觉到美味的饮品，温度一般在体温加或减25°~30°。若以36°的体温为基准，选择6°~11°的冷饮口味会最佳。冰箱可以使饮品冷却，但在饮用的过程中液体的温度也会逐渐恢复进而影响到口感。因此为了保持冰镇效果，加入冰块就成为了最好的选择。

想通过持续的低温保持住饮品的美味口感，就要选择适合且优质的冰块。特别要注意硬度及透明度的选择。

硬质冰块不易融化，酒液也就不会被快速稀释。并且透明度越高冰块的纯度也会越高。

家中制作的冰块与制冰公司制作的冰块有以下区别

自己在家中制作的冰块一般质地较软，而超市等处销售的制冰公司制造的冰块则相对较硬。制冰公司的冰块质地透明，而家中制作的冰块则相对混浊。因此在搭配洋酒时，尽量不要选择自己制作的冰块，而最好选用超市中销售的产品，这样无论从外观抑或口感来讲，都能够获得更加愉悦的享受。

家中制作的冰块不如制冰公司的美味，其原因就在于水质的不同。利用冰箱制作是将水整体冷冻起来，其中也包含有空气及不纯物质，这是影响美味的关键因素。而制冰公司在制作冰块时则会去除异物，并且还会通过净化装置使空气、碳酸气以及酸素等溶解，从而使制作出来的冰块呈现出酸性，这样也会更加美味。

家庭制作的冰块中含有空气因而较为混浊（左）、制冰公司的冰块透明质硬，无色无味（右）。

不同饮酒方式与冰块的选择

冰块也分有多个种类。从大冰块到细碎冰块各式各样，每一种的用途也各不相同。本文中将介绍几种冰块的类型，并就冰块的特征做以简单说明。

品味洋酒时所使用的主要有以下4种冰块。

●球形冰（lump of ice)

拳头大小的冰块，可在洋酒加冰时选用。

●方冰（cube ice）

3cm左右的立方体冰块。家庭冰箱中制作的冰块以及饮食店制冰机制作的冰块基本上都为方冰。可用于搭配软饮或制作鸡尾酒。

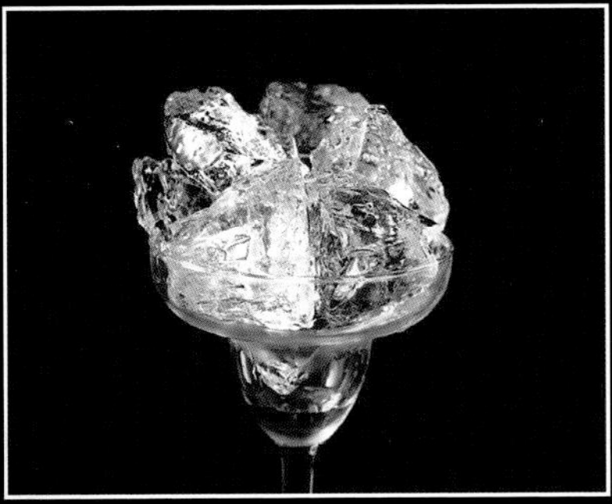

●不规则大块碎冰（cracked ice）

使用碎冰锥将冰块破碎成直径约3~4cm的大小。可在洋酒加水、加苏打水或制作鸡尾酒时使用。

●小碎冰（crushed ice）

饮用冰镇鸡尾酒时经常会使用的小碎冰。家中可利用碎冰锥轻松制作，若没有工具还可使用干毛巾将方冰或大块碎冰包裹，装入厚质塑料袋中，用木棒或其他硬质器具将之敲碎。

球形冰的制作方法

一只手握住碎冰锥，另一只手握住冰块。

由一角开始朝对角方向不断用力打磨。

握冰的手若感觉太凉，还可用毛巾包裹。

打磨好之后，加些温水使冰块的外观看起来更加圆润。

直径6cm的透明圆冰『制冰器』

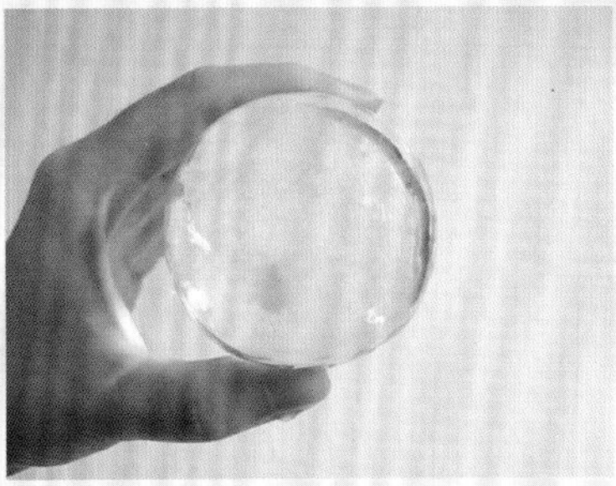

尽管过程稍稍复杂，手却不会感觉到冰冷，任何人都能够轻松制做出透明圆冰。

模具中加入水及制冰模型，用隔热素材的容器保存好，置于冰箱中冷冻约12小时。

VO

伏特加的历史

一直以来，伏特加都被称为是从丰富谷物中诞生的“生命之水”。

“伏特加”这个名字源自俄语。“vodka”是“voda”的爱称，“voda”是水的意思。俄罗斯人称酒为水这一点着实令人惊讶。很早之前伏特加被称作“zhiznennia voda”即“生命之水”，将之省略后就成为了“voda”，后来又出现了其爱称“vodka”。据说“vodka”的叫法是自16世纪伊凡雷帝的时代开始的。

有关伏特加的起源并没有十分明确的说法。有人说这种酒是12世纪时作为俄罗斯本地酒在农民中开始饮用的。另一种说法则认为伏特加酒起源于波兰，11世纪开始在民间流行。

在古俄罗斯的文献中第一次提到“伏特加”是在1533年的编年史中，意为“药”。用它来擦洗伤口，或者服用来减轻头痛。而在波兰，“Wodka”一词出现于18世纪。经过三次蒸馏的70°烈性酒精被称为“Okowita”，而当它被水稀释到30°~40°后，就叫做“Prosta woda”(普通水)，其缩写Wodka就成了最终的名字。直到19世纪，“伏特加”一词才被广泛使用。

How to drink and enjoy

伏特加的品饮方法

来自于西伯利亚苍凉之地的伏特加， 诞生自炼金术士之手，从无色无味的良药，到成为波兰和俄罗斯的民族象征，伏特加拥有烈酒的骄傲和尊严

俄罗斯作家维克托·叶罗费耶夫专门研究了伏特加的历史，称伏特加酒为“俄罗斯的上帝”，认为它在某种程度上影响着俄罗斯的命运。他说：其他国家的人是喝酒，在俄罗斯我们喝的不是伏特加，而是我们的灵魂和精神。

在俄罗斯所有合法的伏特加酒生产线上，国税局的代表每天晚上都要在酒瓶上粘贴带有“俄罗斯联邦国家税务局”字样的商标。从沙皇阿列克谢·米哈伊洛维奇时代起，国家对待伏特加酒生产者的态度就一直是这样的小心谨慎。

前苏联就是用从伏特加上收取的税钱建设了贝阿大铁路，并把尤里·加加林送上了太空。直到现在，国家财政依赖伏特加的情况都没有改变。

俄罗斯是生产伏特加酒的主要国家，但在德国、芬兰、波兰、美国、日本等国也都能酿制优质的伏特加酒。特别是在第二次世界大战开始时，由于制造伏特加酒的技术传到了美国，使美国也一跃成为生产伏特加酒的大国之一。

伏特加的酿酒原料有许多种类，大多数都来自于谷物。俄罗斯多用小麦，波兰为黑麦，芬兰选择大麦，美国则为玉米。各地所选择的主要酿酒原料基本都是当地最为丰富的物种。

最初酿造伏特加酒时，蒸馏技术还较为落后，因而残留有原料的原始味道。至今仍保留有这种特征的有波兰产“波罗的海（Baltic）”、“犹太人伏特加（Kosher）”、“维波罗瓦（Wyborowa）”以及“ZYTNIA”等。

自活性炭被发明之后，人们才实现了酿造如今这样纯质无味的伏特加酒。最初在酿酒过程中使用活性炭进行过滤的是史密诺夫·伏特加的生父彼得·史密诺夫。通过活性炭过滤可去除掉原料的原始气味，获得质地清醇的伏特加酒。19世纪后半期连续式蒸馏机发明之后，制酒时的蒸馏精度得到进一步提高，从而能够酿造出质地更加精纯的酒液。

伏特加的品饮方法

诞生于严寒地带的烈性酒 纯净酒液之中闪耀着个性光辉

无色无味的特性

伏特加是源自俄罗斯严寒地带的一种烈性酒。将杯中的伏特加酒一饮而尽身体就会立刻发热，这是由于伏特加酒具有着浓烈的酒精度数，寒冷地带的人们经常会饮用这种酒来抵御严寒。

如今伏特加酒已经成为了与金酒（杜松子酒）齐名的人气烈性酒。数年前在美国掀起热潮，以伏特加为基酒的鸡尾酒也获得超高人气。甚至在调制被称为“鸡尾酒之王”的马天尼（Martini）时，以往所使用的金酒也逐渐被伏特加酒取代。

伏特加给人的第一印象是简单，它的生产原则非常简单——追求最终产品的最大纯度，但又没有什么比它更复杂。生产伏特加需要极高的工艺、完备的设备、丰富的经验、集中的注意力，没有任何杂质可残留在酒中，因为它无法藏身。原料、酒精和水的质量，也使酒的品质有了明显的区分，有的牌子名扬天下，而有的牌子却默默无闻。

伏特加的特征是无色、无味，法律中对此也有界定。其他酒精饮料的发展方向是口感复杂，寻找最佳的贮藏条件和理想酒龄；与之不同的是，伏特加追求的是清澈和精致。不管是何种风格，精细雅致是所有著名伏特加共同的特点。

欧洲经济共同体（EC）将伏特加定义为“农作物酒精液通过活性炭过滤，尽可能去除刺激性物质后获得的蒸馏酒”。美国联邦农业基准中也写到：“伏特加酒属于中性烈酒。原料有许多种类，是通过蒸馏

使酒精度数达到95°以上，再加水稀释至40°~55°。采用常规方法去除香气、味道以及一些特殊性状之后剩余的酒精产物。”

如此看来，伏特加似乎只是高酒精度烈酒的一种，而没有任何特色，但事实并非如此。以俄罗斯为源头在许多国家酿造生产的伏特加酒，实际上具有着十分丰富的个性魅力。

将多余成分彻底清除努力实现更精纯的目标

伏特加酒的基本酿造工艺如下：

将原料蒸煮，利用大麦麦芽使其糖化，在连续式蒸馏机中蒸馏，留取酒精度在95°以上的中性酒精液，而后加水使浓度稀释到40°~60°，通过活性炭过滤。

整个过程中活性炭过滤成为关键步骤。这是因为能否彻底地去除原料的原始味道，是决定伏特加酒质优劣的重要因素。过滤时大多会使用白桦木。白桦中含有糖分，能够提升除味效果，并且白桦还能够赋予酒液更清新的芳香。此外白桦木中还含有碱离子成分，溶解后能够促进酒精与水的结合，从而实现更为圆滑醇厚的口感。

这样酿造出来的伏特加酒不像其他烈酒那样被存放在木桶当中，而是用不锈钢酒桶来贮藏，从而避免酒中混入其他气味。

尽管如此注重香气及味道的净化，伏特加酒也依然会呈现出独特的个性气质，这正是源于酒精的迷人魅力。

近年来特别注重原料和水的质量伏特加酒愈加流行

近年来优质伏特加酒人气高涨。所谓优质伏特加就是指对水和原料十分注重，通过数次蒸馏追求更精纯品质的伏特加酒。其中著名的有法国“灰雁伏特加（Grey Goose Vodka）”、波兰“雪

伏特加的品饮方

树伏特加（Belvedere Vodka）”以及“芬兰伏特加（Finlandia）”等。

超级优质的法国“灰雁伏特加”只选用法国最高级名牌小麦以及干邑香槟区石灰岩层中涌出的天然泉水。蒸馏过程分为5个阶段。

高级伏特加酒“雪树伏特加”使用100%波兰产黑麦，通过4次蒸馏获得高精纯度。

“芬兰伏特加”100%使用国产六棱大麦，融合高纯度天然冰河水，经过200道以上细致工艺蒸馏而成。

在追求纯净酒质的同时，伏特加酒也依旧保留了其独特的醇厚味道。

若将无色无味的伏特加酒称为“纯净伏特加”，那么融合果实以及香辛料等酿制而成的就可被称作是“加味伏特加”。其中以波兰产加入齐白露加草的“齐白露加酒（Zubrowka）”为代表。

不同地域风情中造就的不同风味，通过各具特色

●伏特加的酿制方法

大麦麦芽等 → 发酵液 → 连续式蒸馏机 → 加水 → 活性炭过滤 → 装瓶

How to drink and enjoy VODKA

的饮酒方式来品味，更能够让人体会到伏特加酒的美妙味道。醉人的酒味之中随思绪畅游北欧及东欧，静静地感受那里细腻醇厚的人文风情。

净饮 Straight

零下20℃融化后一饮而尽。鼻孔和咽喉处都能感觉到芳醇的气息。

●饮酒方式

在经冰箱冷藏的净饮酒杯中，注入同样冰镇过的伏特加酒，于玻璃杯雾气未消失之前尽快饮用。伏特加酒不适于通过舌头来品尝，而要通过鼻孔和咽喉去尽情体会饮过之后的感觉。

●品味方法

俄罗斯人一般是将伏特加酒倒入小玻璃杯中一饮而尽，这也成为了当地的饮酒习俗。想要品尝到最美味的伏特加酒，就要连同酒瓶一起将酒放到冰箱中冷藏至-20℃~-25℃。取出后一饮而尽，这样就可体会到冰镇伏特加酒的微弱酒香及芳醇味道。

将玻璃杯也放入冰箱中冷藏，更可避免冰镇伏特加酒快速回温。

炎炎夏日之中能够品尝到最美味的冰镇伏特加酒或暖气充足的冬日房间里，品味冰镇伏特加也别有一番风味。

通常俄罗斯人在聚会当中都会不失时机地寻找理由带头干杯，大家一同畅饮，伏特加酒也由此成为了增进友情、活跃气氛的绝佳烈性酒之选。

EQUIPMENT 准备物品

冰箱中冰镇过的伏特加酒

冷藏后的净饮酒杯

INGREDIENTS 享受净饮时的材料及用量

伏特加酒…………………………………………………… 45ml

METHOD 美味的制作方法

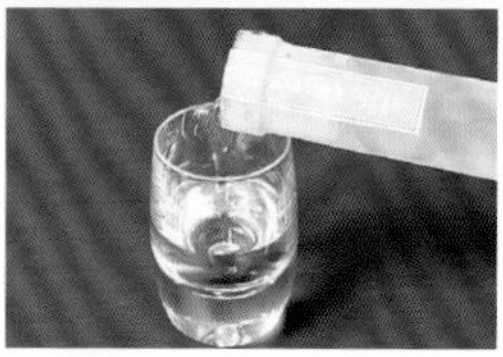

在净饮酒杯中注入伏特加酒。

加味伏特加通过净饮来品尝

“加味伏特加酒（flavored vodka）”主要产自东欧及北欧。酿造方法是将果实等浸泡之后进行蒸馏，而后再混合萃取精华。从方法和口味来看似乎与利口酒没有太大区别，但较高的酒精度数以及分量较少的混合精华成分则与利口酒不同。

在日本十分著名的加味伏特加酒有产自波兰融合有齐白露加草精华的“齐白露加酒（zubrowka）”以及瑞典产“瑞典绝对伏特加（柠檬味ABSOLUT CITRON）”等。加味伏特加中融合的精华成分除柠檬、香橙以及樱桃等水果之外，还可加入调味香料或果仁等。

饮用时可像利口酒一样通过净饮或加冰来享受。

大玻璃杯中注水，做成配饮。

血腥玛莉 Bloody Mary

伏特加酒与番茄汁混合，融入喜好的调味料制成美味饮品。

●饮酒方式

番茄与芹菜、柠檬等搭配，制成含有维生素及胡萝卜素等丰富营养成分的特色鸡尾酒。可根据个人喜好用盐、胡椒或红辣椒等来调味。饮用时还可用芹菜代替搅棒，一边饮用一边咀嚼。这种带给人沙拉般感受的饮品，许多人会在酒店早餐时选用。作为假日里明媚阳光下悠闲品味的鸡尾酒，血腥玛莉也具有着超高的人气。

●品味方法

使用在番茄汁中加入蛤蜊（文蛤）精华的蛤蜊番茄汁来制作就成为了“血凯撒（Bloody Caesar）”，无酒精类型则被称为“处女玛莉（Virgin Mary）”。

若将成熟的西红柿放入搅拌机中榨汁，代替市售番茄汁来调制的话，口感会更加新鲜。将基酒换成辣椒伏特加则会呈现出另一种不同风味的“血腥玛莉”。

EQUIPMENT 准备物品

INGREDIENTS 享受血腥玛莉饮时的材料及用量

伏特加	45ml
番茄汁	适量
柠檬（切瓣）	1/6个
芹菜	1小根
冰块	适量

METHOD 美味的制作方法

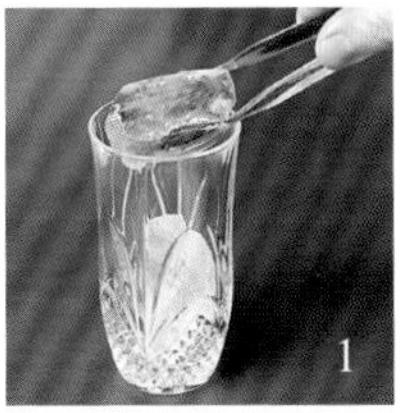
1 在大平底玻璃杯中放入冰块。

2 注入伏特加酒。

3 加满番茄汁。

4 使用搅棒轻轻混合。

5 搭配1/6切瓣柠檬及芹菜。

可在酒店早餐时选择。

黑俄罗斯 Black Russian

加冰时融入咖啡风味甘露咖啡利口酒。浓厚的甜味最适合餐后享用。

●饮酒方式

甘露咖啡利口酒（Kahlua）与伏特加的分量可根据自身喜好来调节。甘露咖啡利口酒越多甜味就会越浓。

夏季搭配大块碎冰来饮用可使酒温更低，口味也会更加醇美。若感觉香气和甜味较淡，也可减少伏特加的分量，多加些甘露咖啡利口酒。浓厚的甜味最适合餐后饮用。

●品味方法

甘露咖啡利口酒是使用阿拉伯咖啡豆制作的来自墨西哥的利口酒。“黑俄罗斯”这一名称源于这款鸡尾酒的颜色以及所使用的俄罗斯伏特加酒。若加入生鲜奶油就变成了“白俄罗斯（White Russian）”。

此外若将基酒换为龙舌兰酒（Tequila）就成为了“猛牛（Brave Bull）”，若换成白兰地就被称为“暗淡的母亲（Dirty Mother）”。

EQUIPMENT 准备物品

INGREDIENTS 享受黑俄罗斯时的材料及用量

伏特加	45ml
甘露咖啡利口酒	20ml
冰块	适量

METHOD 美味的制作方法

在冰饮酒杯中放入冰块。

注入伏特加酒。

注入甘露咖啡利口酒。

使用搅棒轻轻混合。

夏日里加入大块碎冰饮用口感也不错。

伏特加战争

2007年12月17日，一场激烈的争论画上了休止符。这场争论也可称为“伏特加战争”，战场是在欧洲联盟。争论点在于什么样的酒才应该被称作伏特加。以波兰为代表的国家认为“使用谷物或马铃薯制成的烈性酒才可被称为伏特加”，而英国等国家则主张“以甘蔗或葡萄为原料的酒也应被认定为伏特加”，这两种看法形成鲜明对立。

争论历时约5年，最终的结论是“使用谷物及马铃薯之外的原料酿造而成的烈性酒，若写明原料名也可被称为伏特加”。

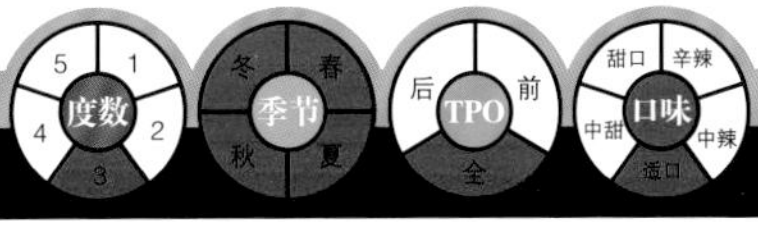

螺丝起子 Screwdriver

混入橙汁，口感更加温和的美味鸡尾酒。

●饮酒方式

伏特加酒大多无色无异味，与橙汁混合时也很难感觉到其高浓的酒精度数。尽管这款鸡尾酒的口感轻松温和，也一定不要忘记其作为烈性酒的显著特征。浓烈的酒劲对于不堪酒力的人来说要特别注意。

●品味方法

螺丝起子的意思就是“螺丝刀”。据说在伊朗油田工作的美国人将伏特加酒与橙汁混合饮用，由于使用了螺丝刀而得名。也有人说不是在伊朗油田，而是在美国的得克萨斯油田。

在螺丝起子中加入少许加利安奴利口酒，就演变为“哈维撞墙酒”。将这个鸡尾酒的酒名翻译过来，就是“撞到墙壁的哈维”。据说冲浪运动员哈维输了比赛，由于失意大量饮用这种鸡尾酒，而后一路跌跌撞撞地回了家。

加利安奴利口酒是将茴芹、香子兰以及薄荷等40种以上的香料浸泡在烈性酒中制成的意大利利口酒。以香子兰的风味、茴芹的独特香气以及金黄闪耀的酒液为特征。

EQUIPMENT 准备物品

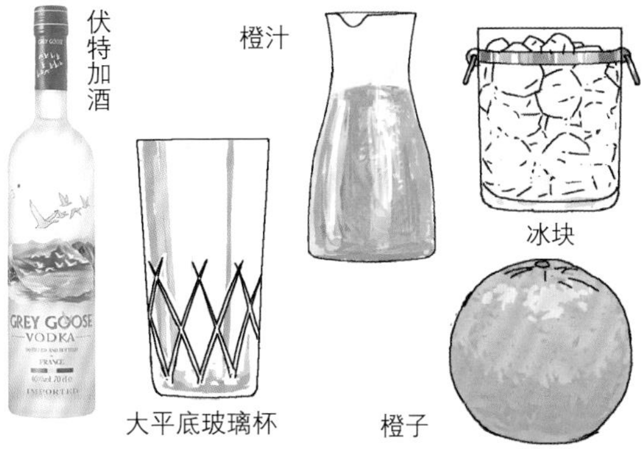

INGREDIENTS 享受螺丝起子饮时的材料及用量

伏特加酒	45ml
橙汁	适量
香橙（切瓣）	1/8个
冰块	适量

METHOD 美味的制作方法

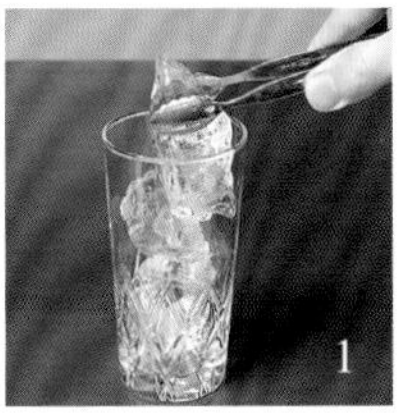

在大平底玻璃杯中放入冰块。

注入伏特加酒。

加满橙汁。

使用搅棒轻轻混合。

切瓣香橙装饰在玻璃杯边缘。

香橙可以切成别致的造型来装饰。

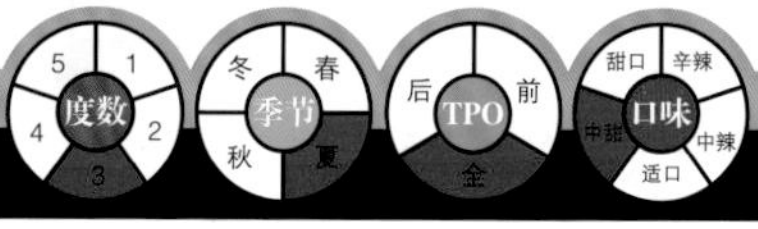

咸狗鸡尾酒 *Salty Dog*

具有葡萄柚汁般的甜美味道。舔食玻璃杯边缘的盐分获得奇妙口感。

●饮酒方式

玻璃杯的杯口沾满盐分被称为“雪糖杯”。通过雪糖杯的方式来品酒，可根据个人喜好调节浓淡咸味。口味较重的人可以在舔过玻璃杯口一周之后再饮酒，喜好较淡口味的人则可以持续选择一个位置来品尝。

●品味方法

“雪糖杯”的制作方法是用柠檬或酸橙的切面沿玻璃杯口边缘滑动一周，而后将玻璃杯倒扣在撒有盐分的平滑盘面上，使杯口沾满盐分。有的地方也会使用砂糖来制作雪糖杯。

咸狗鸡尾酒是1940年诞生于英国的一款鸡尾酒。最初是在金酒与酸橙汁的混合饮品中撒入一小撮盐，充分晃匀后饮用，这种酒也就是如今“咸狗”鸡尾酒的前身。

当这种酒传至美国时酸橙汁就转变为如今所使用的葡萄柚汁，形成了现今的咸狗鸡尾酒。

使用红宝石色葡萄柚汁制作时，红宝石色调能够使酒液呈现出不同的风格。派对中经常需要准备多款鸡尾酒饮品，因而备齐两种色调的葡萄柚汁效果会更加出色。

METHOD 美味的制作方法

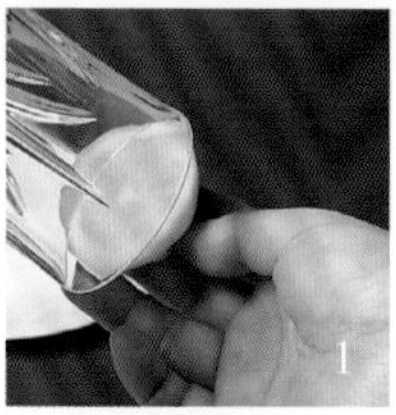
1 用柠檬汁润湿大玻璃杯杯口。

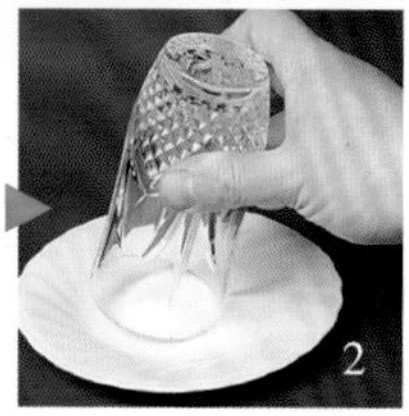
2 杯口沾满盐分做成雪糖杯。

3 放入冰块，注意不要碰到杯口的盐。

4 注入伏特加酒。

5 加满葡萄柚汁。

6 轻轻混合。

EQUIPMENT 准备物品

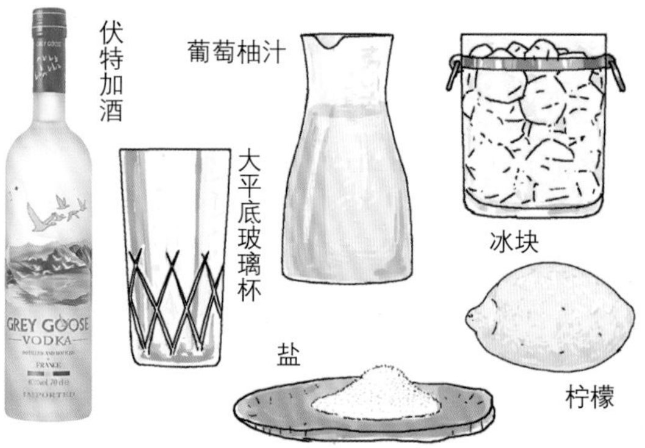

INGREDIENTS 享受咸狗鸡尾酒时的材料及用量

伏特加酒	45ml
葡萄柚汁	适量
柠檬（切瓣）	1块
盐	适量
冰块	适量

选择鲜榨葡萄柚汁比市售类型效果更好。

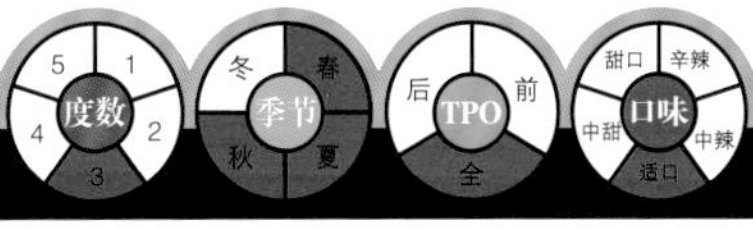

莫斯科之驴 Moscow Mule

伏特加酒融合姜汁、酸橙的清新味道，是伏特加鸡尾酒代表之作。

●饮酒方式

姜汁清凉饮料有甘甜和辛辣两种口味，制作这款鸡尾酒时选择辛辣类型更加适合。使用甜味姜汁饮料时，加入少许生姜口味会更好。

切瓣酸橙榨汁时，由切口处挤压汁液会更易流出。

莫斯科之驴最初是使用伏特加和姜汁啤酒来制作的。但如今市售的姜汁啤酒数量较少，因此人们就逐渐选择姜汁清凉饮料来代替。

●品味方法

这款鸡尾酒是由3位实业家创造的。其中1人是餐厅的经营者，在他的仓库里存放有大量待售的姜汁啤酒，因此便发明出这种鸡尾酒的调制方法。并且他的女朋友还建议在饮用时使用特别的铜制酒杯。胡布莱（Heublein）公司也在自产的斯米诺伏特加（Smirnoff）宣传中使用了这款鸡尾酒。这样一来莫斯科之驴便广为人知，并逐渐成为人气鸡尾酒之一。

Moscow的意思是Moskva（莫斯科），Mule代表驴、骡子，结合起来就带有“口味强劲饮品”的意味。

EQUIPMENT 准备物品

INGREDIENTS 享受莫斯科之驴时的材料及用量

伏特加酒	45ml
冰镇姜汁清凉饮料	适量
酸橙（切瓣）	1/4个
冰块	适量

METHOD 美味的制作方法

在铜制酒杯中放入冰块。

注入伏特加酒。

1/4个切瓣酸橙榨汁之后放入酒杯当中。

加满姜汁清凉饮料。

使用搅棒轻轻混合。

如酒的名字一样口味强劲的鸡尾酒。

适合与伏特加搭配的料理

代表着俄罗斯的伏特加酒，本国人很少会细细品味，而是一干而尽。大口吃菜，大口饮酒的方式也成为了当地的习俗。人们一般会用伏特加酒搭配正餐，而很少会配合小吃饮用。在这里介绍几款颇具当地风情的人气家庭料理。

西式咸菜盛宴

伏特加酒与用醋腌制过的西式咸菜搭配十分适合。可选择自己喜好的蔬菜腌制成美味咸菜。一般可直接使用能够制作沙拉的蔬菜，而需要熟食的蔬菜则可以煮过之后再进行腌制。

材料（2人份）

<材料A>		<调味汁>	
小西红柿	4个	谷物醋	300ml
芹菜	1小根	水	100ml
香菇	2个	盐	适量
<材料B>		月桂树叶	2片
食荚菜豆	6个	砂糖	2~3小汤匙
龙须菜	3根	小辣椒	2个
南瓜	适量	胡椒粒	适量
山蒜	适量	大蒜	1瓣

最具人气的是珍贵而美味的西式番茄咸菜。装在透明的瓶子中也可作为美丽的家庭装饰。

制作方法：

①将芹菜、香菇、南瓜和龙须菜分别切成5cm的小节，纵向切半后再切为4小份。小辣椒去子。

②在锅中倒入热水，放入<材料B>中的蔬菜煮熟。

③在另一个锅中加入<调味汁>材料，煮沸后冷却。

④蔬菜材料与调味汁一起倒入消毒过的保存瓶中进行腌制，1周之后即可食用。

享用温暖的家庭料理时不要忘记用伏特加来增味

香肠配圆白菜及黑面包

烟熏烤肠和微辣香肠搭配酸甜圆白菜及黑面包，瞬间弥漫浓郁的俄罗斯风情。

材料（2人份）

烟熏烤肠…………………………1根
微辣香肠…………………………1根
黑面包……………………………1块
圆白菜……………………………1/4个
洋葱………………………………1小个
柠檬汁……………………………1大汤匙
盐…………………………………1大汤匙
白葡萄酒…………………………少量
黄油………………………………适量
芥末……………………依个人喜好适量

洋葱、圆白菜和香肠煮在一起，香肠的脂肪成分就会渗出从而使味道更加鲜香浓郁。香肠选择自己喜好的市售类型即可。

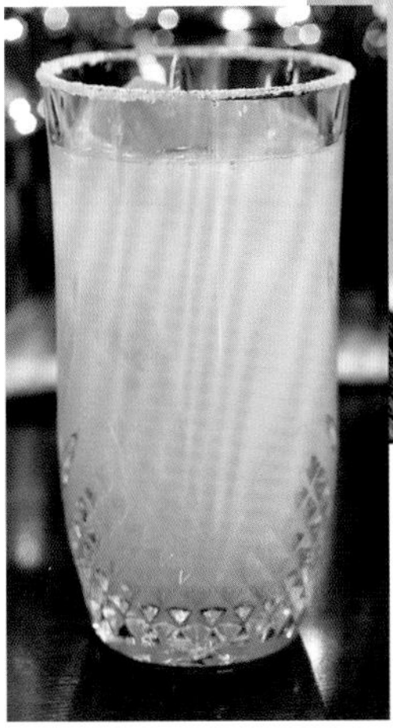

制作方法：

①切细的圆白菜与柠檬汁及盐混合，挤压去水。
②锅中放入黄油，翻炒切碎的洋葱。
③洋葱炒软之后，加入①中的圆白菜，倒入少许白葡萄酒，再放入香肠，转小火。
④香肠、圆白菜、黑面包以及芥末搭配装盘。

俄罗斯饺子

在俄罗斯当地，饺子也是十分常见的食物。通常1个成人很快就能吃下12个饺子。

制作方法：

①洋葱磨碎，与肉馅混合。加入盐、胡椒等调味。
②饺子皮中放入肉馅包裹成半月状，再将两端捏在一起形成圆盘形。
③在盛有水的锅中放入盐和黄油，煮沸之后下入饺子。转为中火煮7～8分钟，包有肉馅的面皮部分一出现褶皱就可出锅，将饺子盛放到盘中，撒上胡椒。
④混合调味料，用饺子蘸着食用。

材料（2人份）

猪肉肉馅……………200g
饺子皮………………24张
洋葱…………………1/2个
黄油…………………适量
盐……………………少许
胡椒…………………少许
<调味汁>
酸奶…………………5大汤匙
生奶油………………2大汤匙

使用自制饺子皮最佳。若在市场购买要尽可能选择厚质类型，这样口感会更加美味劲道。

使用伏特加调制而成的鸡尾酒“嫩叶”

色调由绿渐黄，影像华美的鸡尾酒。饮用时稍加混合，就会呈现出美丽的嫩叶色调。是具有抹茶味道口感温和的一款鸡尾酒。

柠檬加味伏特加…………30ml
台湾香檬汁………………20ml
葡萄柚汁…………………适量
抹茶利口酒………………10ml

伏特加品牌精选29

●基本信息
1.制造公司名
2.原产地名
3.容量
4.酒精度数

42纬之下纯味伏特加（上右）
42纬之下百香果味伏特加（上左）
42纬之下费约果味伏特加（下右）
42纬之下奇异果味伏特加（下中）
42纬之下麦卢卡蜂蜜味伏特加（下左）

42 Below

南纬42。新西兰产超级优质伏特加酒

在2004年世界食品品质评鉴大会（Monde Selection）上获得金奖的超级优质伏特加酒。平缓的酒香之中透着微微的茴芹及香草气息。百香果味伏特加使用100%天然百香果为原料，以华丽的香气为特征。费约果产自南美，是一种又被称为菠萝番石榴的具有菠萝香味的水果。奇异果味伏特加是带有猕猴桃风味的爽快类型。麦卢卡蜂蜜味伏特加则以麦卢卡树上所开的花中采集的蜂蜜香味为特征。

1.42纬之下酒业公司
2.新西兰
3.均为750ml
4.均为42°

阿兹奥林 沙曼

Azuoline Samane

酒中浸入橡木短期陈熟的优质品种

黑麦面包似的香味之中融入橡木的气息及色调，冰镇之后口味依然鲜明，可净饮享受。若感觉50°净饮酒劲过大，可在装有冰块的大平底玻璃杯中加入45ml酒及1/2茶匙胶糖蜜（gum syrup），均匀搅拌之后再融入苏打水，这样在保留香气的同时饮用起来也会更加轻松。

1.亚立达（Alita）公司
2.立陶宛
3.500ml
4.50°

绝对伏特加（上右）
绝对伏特加香草味（上中）
绝对伏特加黑莓味（上左）
绝对伏特加柠檬味（下右）
绝对伏特加辣椒味（下中）
绝对伏特加柑橘味（下左）

Absolut

多种香味带给人丰富感受的瑞典产伏特加酒

使用优质小麦和清澈井水酿制而成的优质伏特加酒。通过连续式蒸馏法去除掉一切不纯物质，华丽而圆润的口感带给人十足享受。香草味伏特加选择马达加斯加地区天然香草作为原料，复杂而深邃的香气令人愉悦。黑莓味伏特加使用瑞典精选黑加仑酿制，甘甜的味道以及清新的口感令人回味无穷。柠檬味伏特加具有天然柑橘类水果所特有的香气。辣椒味伏特加使用两种墨西哥辣椒（红、绿辣椒）酿制而成，呈现出辛辣芳香的复杂味道。柑橘味伏特加带有新鲜柑橘的微甜香味。

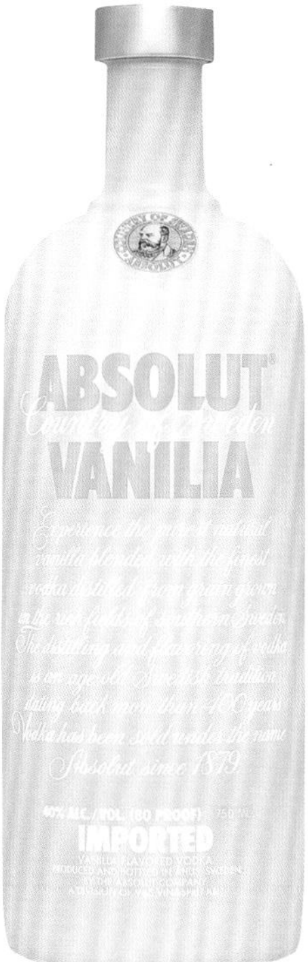

1.V&S AB
2.瑞典
3.均为750ml
4.均为40°

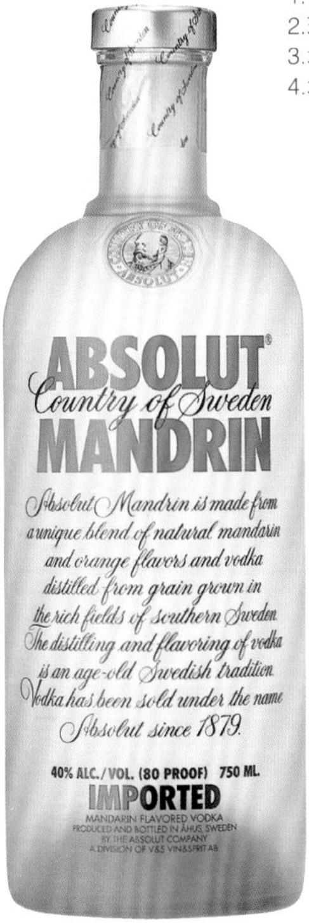

胜利伏特加

Victory Vodka

以3种马铃薯为原料的波兰产伏特加

以精选的3种马铃薯为原料，蒸馏之后采用逆浸透法精心酿制，加入纯净水使酒浓度降至40°。后获得的优质伏特加酒。瓶身是以波兰英雄雅鲁泽尔斯基为主题的独特设计。充分冷藏之后，通过净饮方式即可品尝到伏特加酒的原始风味。作为鸡尾酒的基酒也十分适合。

1.波兰烈酒公卖局华沙S.A.
2.波兰
3.700ml
4.40°

凡胡

Van Hoo

传统蒸馏方法与先进技术的完美结合

拥有自1740年以来比利时最古老的酿酒历史，Furukroa公司传统蒸馏制法与先进酿酒工艺完美结合促生出优质的伏特加酒。洗练的瓶身设计融合细腻清爽的醇香风味，在欧洲、美国等地多次获得金奖。

1.Furukroa公司
2.比利时
3.700ml
4.40°

亚历山大伏特加

Alexander

最适合调制柑橘类鸡尾酒可轻松制作出自己喜好的口味

酒的名称源于统治超级帝国的亚历山大大帝的名字。口感及味道都十分温和，饮用便利。很适合与柑橘类水果搭配，经常被用作鸡尾酒的基酒。

1.路易鲁瓦耶酒业公司
2.法国
3.700ml
4.37°

（右起）奥德斯洛极品伏特加 奥德斯洛极品蓝莓伏特加

Oldesloer Perfect

只使用濒临波罗的海和北海的德国北部产小麦，并且将其中的精选颗粒作为原料精心酿制而成的优质伏特加酒。具有小麦所特有的柔和香气以及纯美浓厚的味道，以奢华的口感为特征。蓝莓伏特加是在极品伏特加酒中融入天然蓝莓成分酿造而成的，具有甜美的香气以及鲜明的口感。在欧洲属于烈性酒，但由于酒中所含精华提取物占4%，因此在日本根据酒税法也被归类为『利口酒』。无论哪一种在冰镇之后都可净饮、加冰、加苏打水、配汤力水，或作为鸡尾酒的基酒。

只精选优质小麦作为原料，具有小麦所特有的柔和香气及深邃味道

1.奥古斯特恩斯特（Ernst August）公司
2.德国
3.均为700ml
4.40° /蓝莓为37.5°

（右起）

灰雁伏特加
灰雁伏特加橙味

Grey Goose

执着追求最高品质的法国产伏特加

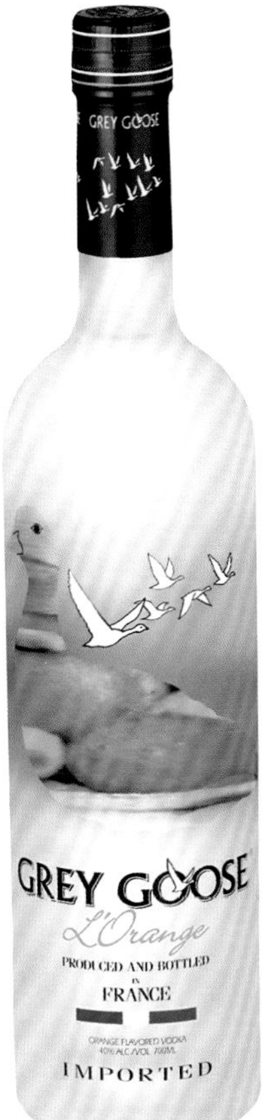

诞生于1997年的法国产超级优质伏特加酒。采用5步蒸馏酿酒工艺，只使用法国最高级品牌小麦、融合干邑地区及香槟区石灰岩层中涌出的"天然纯净泉水"精心酿制而成。橙味类型酒质纯净、甘甜，在口感柔滑的灰雁伏特加酒中混入佛罗里达产天然成熟香橙精华，以新鲜细腻的香气以及平衡的甜酸口味为特征。

1.灰雁公司
2.法国
3.均为700ml
4.均为40°

吉利蓓伏特加45%

Gilbey's Vodka

精细的酿造过程打造出口味纯净质感柔滑的伏特加酒

拥有始于1857年的悠久历史。从酒标也能感觉到其细致高超的酿造工艺（注有5星『★★★★★』的显著标志）。在高度为35米的连续式蒸馏机中蒸馏2次，再通过优质活性炭过滤，经传统制法精心酿造而成。

1.W. A吉利蓓公司
2.菲律宾（亚洲、大洋洲有酿造地点）
※欧洲、非洲以及英国等地也有酿造
3.750ml
4.45°

萨哈林伏特加

Sakhalinskaya

使用萨哈林优良泉水酿制而成的当地酒种，瓶身及酒标设计都质朴无华

以俄罗斯伏特加所特有的干冽、淡甜味道及柔滑口感为特征。40°的酒精浓度感觉也不很浓烈。冰箱中冷藏后可净饮，无异味的纯净酒质更适合作为鸡尾酒的基酒。干爽清冽的口感尤其适合调制伏特加瑞基酒（Vodka Rickey）。

1.阿克瓦维特酒厂（Aquavit）
2.俄罗斯联邦（萨哈林）
3.500ml
4.40°

沙曼

Samane

地道烧酒一般的独特风味，50°的酒精度数却口感清淡的柔滑风味

1998年亚立达（Alita）公司首次获得法律许可，开始酿造并销售立陶宛当地酒种Samagon（自家制蒸馏酒）。不经过加水及活性炭过滤程序，保留有原料的显著味道。以烤制黑麦面包的香气以及奢华的余韵口感为特征。建议选择冷藏后净饮（也可加2~3滴水）或加冰的方式，一边体会怡人酒香一边细细品味。

1.亚立达（Alita）公司
2.立陶宛
3.500ml
4.50°

要塞伏特加

Citadelle Vodka

使用最高级硬质小麦，
反复蒸馏5次酿制而成

以博斯(Beauce)地区原产的高级硬质小麦为原料，融合让萨克（Gensac）村天然泉水精心酿造。5次蒸馏后采用发酵槽中酸化（酿制葡萄酒时使用）的独特酿酒工艺实现细腻润滑的口感。

1.费朗干邑酒厂
2.法国
3.750ml
4.40°

诗珞珂伏特加

Ciroc

以100%葡萄为原料，
由顶级葡萄酒酿造家创
制的酿酒方法

为保证葡萄完全熟透，收获到新鲜自然的浓郁芳香，就要在低温中进行采摘，即『snap frost（霜冻时摘取）』。采用这种『低温采摘、低温发酵、低温贮藏』的特殊低温制法酿造出品质独特的诗珞珂伏特加酒。5次蒸馏后的口感异常醇香柔滑。想品味到最纯正的柑橘系果实风味以及圆润酒质，最好通过净饮或加冰的方式来享受。

1.帝亚吉欧酒业公司
2.法国
3.700ml
4.40°

（右起）

蓝天伏特加（Skyy Vodka）
蓝天橙味伏特加（Skyy Citrus）
蓝天90伏特加（Skyy 90）

Skyy

具有纯净柔滑口感，美国人气No.1品牌

能够让人联想到美国西海岸蔚蓝天空（SKY）的特色酒名。是美国现今销售量增长最快的人气No.1优质伏特加酒。采用独特的温度调节法进行4次蒸馏及3次过滤，以更纯净润滑的口感为特征。蓝天橙味伏特加酒中融合了香橙、柠檬、酸橙、葡萄柚以及红橘5种天然柑橘类香味。蓝天90采用独特的酿制方法，使加水之前的蒸馏液度数首次达到了100%，纯净清爽的口感以及芳醇的香气都令人回味无穷。

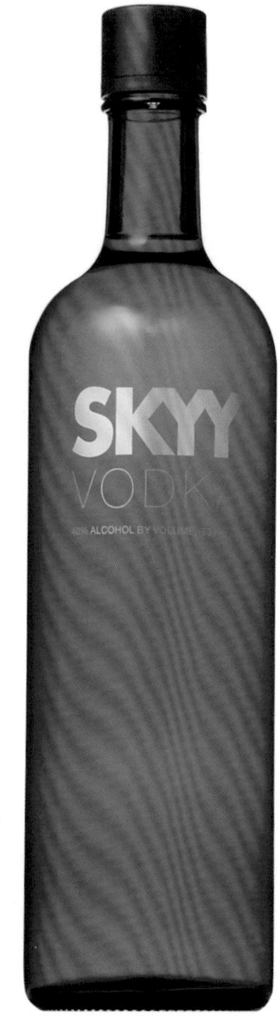

1.蓝天公司
2.美国
3.均为750ml
4.40° /橙味为37° /90为45°

红牌伏特加

Stolichnaya

俄罗斯伏特加酒的代表品牌，具有柔滑口感及深邃酒味

俄语中『Stolichnaya』代表着『首都』的意思。精选优质原料，采用传统方法酿制而成的正宗优质俄罗斯伏特加酒。净饮、加冰或做为鸡尾酒的基酒均可。

1.SPI集团公司
2.俄罗斯联邦（装瓶国：拉脱维亚共和国）
3.750ml
4.40°

思达琳伏特加

Stalinskaya Vodka

罗马尼亚国内No.1品牌优质伏特加

采用俄罗斯传统方法酿制而成的罗马尼亚国内No.1品牌伏特加酒。不采用近年来流行的华丽酒瓶，而使用出自伦敦著名设计公司的更具伏特加传统风格的瓶身样式，造就出具有优秀质感的罗马尼亚优质伏特加酒。

1.普罗德尔94公司
2.罗马尼亚
3.700ml
4.40°

蝎子伏特加

Skorppio Vodka

世界上首瓶浸泡有蝎子的比利时产伏特加酒

以100%高品质谷物为原料的英国式伏特加（经过5次连续蒸馏）酒中，浸泡入实施严格管理，喂食专门饵料精心养殖的蝎子，造就出世界首款蝎子伏特加酒。将蝎足去掉，直接入锅翻炒也可安全食用。

1.罗德里奥・罗德里格斯酒业公司
2.比利时
3.700ml
4.37.5°

齐白露加酒复刻版

Zubrowka

加入齐白露加草精华的加味伏特加酒

『Zubrowka』中的『Zubr』指的是波兰世界遗产『比亚沃维耶扎原始森林』中仅剩的600头圣牛。使用当地森林药草浸泡过的酒，自远古时代起就被人们认为具有滋阴壮阳、增强精力的作用。使用精选黑麦为原料，共蒸馏3次。具有樱花般的甜美香气以及柔滑至极的口感。在被称为『食品奥林匹克』的2008年世界食品品质评鉴大会（Monde Selection）中荣获金奖。冰箱中冷藏后可净饮、加汤力水或加苏打水饮用。

1.波兰烈酒公卖局 比亚里斯托克公司
2.波兰
3.700ml
4.40°

史彼立塔斯

Spirytus

经过数十次蒸馏达到96°的高酒精浓度

将以黑麦为主体的精选谷物类作为酿酒原料，重复进行数十次蒸馏，获得96°的高酒精浓度。在波兰，从古时起家中就有将药草及野生果实等浸泡在高浓度伏特加酒中做成加味伏特加酒的习俗。那时所使用的就是史彼立塔斯。例如在史彼立塔斯酒中加入柠檬皮和砂糖，浸泡10天以上就做成了具有自家风格的柠檬伏特加酒。史彼立塔斯加水或加苏打水时，按照1比4的比率混合。此外还可用自己喜好的食物制作出独一无二的醇香味道。

1.波兰烈酒公卖局、华沙S. A.
2.波兰
3.500ml
4.96°

杰尔扎布那亚
Derzhavnaya

1994年诞生的品牌，用果糖代替砂糖，别具特色

饮过之后口中会残留柔滑的口感以及淡淡的甘甜气息。冷藏至零下20℃后净饮享受口感更加醇美轻快。特别适合调制咖啡伏特加酒（在微微减量的伏特加酒瓶中放入30~40g咖啡豆，在室温下浸泡3天，而后放入冰箱中冷藏，冰镇之后使用短身玻璃酒杯一饮而尽）。此外还可搭配姜汁啤酒调制成『莫斯科之驴』鸡尾酒。

1.阿克瓦维特酒厂
2.俄罗斯联邦（库页岛）
3.500ml
4.40°

茨比亚斯基伏特加
Tvarscki Vodka

鸡尾酒常用基酒，美国产人气伏特加

为去除不纯物质，连续两次采用木炭制法酿制而成的高纯度、高品质伏特加酒。非常适合作为鸡尾酒的基酒，如调制伏特加马天尼、葡萄柚伏特加等，是最具人气的烈性酒之一。

1.LUXCO
2.美国
3.750ml
4.40°

七武士
Seven Saunurai

以哥萨克骑兵传统为背景，因电影《七武士》而得名

在位于高加索山脉北侧的卡拉恰伊-切尔克斯共和国，使用当地引以为豪的优质泉水和土地原料酿制而成的优质七武士伏特加酒。经过细致过滤，添加入西瓜精华，实现柔滑越喉的口感。建议的饮酒方式为常温或冷藏至10℃左右饮用（冰镇后甘甜味道会较为浓重）。

1.梅尔库里-2公司
2.俄罗斯联邦（北高加索切尔克斯市）
3.500ml
4.40°

珍珠伏特加
Pearl Vodka

重复进行5次蒸馏及6次过滤获得如珍珠般醇美酒质

清澄圆润的舌尖感触令人倍感享受的伏特加酒。选用加拿大西部高地上孕育的优质小麦以及加拿大落基山脉（Canadian Rockies）出产的清凉冰河水酿制而成，具有柔滑的越喉感受以及纯净奢华的酒质。带给人美丽珍珠般联想的优质伏特加酒。

1.珍珠烈酒公司
2.加拿大
3.720ml
4.40°

尼古拉伏特加
Nikolai Vodka

毫无杂味的清爽香气以及柔和至纯的口感

富士御殿场蒸馏酒厂中准许生产的优质伏特加酒。使用100%谷物为原料，融合富士山天然泉水酿制而成的纯净烈性酒。品牌名称也选择俄罗斯常用男性名来命名。毫无杂味的香气以及柔和的口感最适合作为鸡尾酒的基酒。

1.富士御殿场蒸馏酒厂
2.日本
3.720ml
4.40°

雪树伏特加

Belvedere Vodka

『Belvedere』在拉丁语中代表『美景』的意思

如优质天鹅绒一般柔滑而洗练的口感受到人们的广泛欢迎。能够完美体现出雪树伏特加酒个性品质的饮酒方式除加冰之外，还可用于调制奢华大都会（Luxury Cosmopolitan）等鸡尾酒，或者其他多种多样的自由品味方式（Share the bottle）。

1.千禧年酒业公司
2.波兰
3.700ml
4.40°

青蛙B伏特加

Froggy B Vodka

使用最高级小麦原料，酒质纯净，余味悠长

使用最高级硬质小麦酿制的珍贵优质伏特加酒。通过严格的选料及制作工艺实现奢华的饮用口感。5次连续蒸馏收获纯净酒质。不含甲醇，可作为普通鸡尾酒的基酒。

1.干邑 费朗
2.法国
3.750ml
4.40°

芬兰伏特加

Finlandia

精选天然冰河水酿造获得清爽醇美的优良口感

在白昼之国——北欧芬兰的美丽自然环境中，采用传统蒸馏技术酿制而成的优质伏特加酒。原料100%使用六棱大麦。拥有上万年历史的远古『冰堆石』成为了天然的优质过滤器，从而孕育出至纯美味的天然冰河水。将这种泉水融入酒中，再经过200道以上细致工艺精心蒸馏，生产出具有清冽纯净品质的极品伏特加酒。

1.普瑞米克公司
2.芬兰
3.700ml
4.40°

丽乾伏特加

L'ecrin

使用最高级小麦的中心部分在小麦原料专用蒸馏机中连续5次蒸馏

使用法国为数不多的谷仓地带——巴黎盆地中收获的最高级小麦，精选其中心部分作为酿酒原料。在小麦原料专用蒸馏机中连续5次蒸馏，实现柔滑的饮用口感。酒中还融入了法国西南部夏朗德地区产著名泉水。清雅淡香的水果风味令人陶醉。

1.乔尔布莱曼酒业公司
2.法国
3.700ml
4.40°

乌克兰蜂蜜辣椒伏特加

Ukrainian Honey Pepper

源自乌克兰的辣椒伏特加酒，如今也是最具人气的品牌之一

融入火热而辛辣的辣椒伏特加（添入辣椒精华的加味伏特加）特性，通过融合蜂蜜及优质香料实现微妙风味及润滑口感。作为鸡尾酒的基酒除可调制普通的血腥玛莉之外，还可在番茄汁上静静注入『蜂蜜辣椒伏特加酒』，做成『涅米罗夫血腥玛莉』。

1.涅米罗夫酒业公司
2.乌克兰
3.500ml
4.40°

洋酒与雪茄

体味烈性酒与雪茄搭配的绝妙感受

街巷之中的雪茄酒吧聚积着很高的人气。
因为在这里，雪茄与美酒实现了最完美的结合。
搭配方法并非如想象中那样简单，其中的乐趣也令人回味无穷。

强劲烈酒与口味浓重的雪茄烟搭配是基本准则

烈性酒的个性缤纷多样，不同类型或品牌的雪茄烟也各具特色。若能将二者完美结合，则可获得效果加倍的口感体验以及至高的美味享受。

在这里简单介绍一下烈性酒与雪茄搭配的基本准则。

总体来说，强劲烈酒要搭配口味浓重的雪茄烟，而清淡类型的酒则应选择柔和平缓的雪茄与之搭配。若选择柔和雪茄与浓烈的威士忌酒搭配，烟的味道就会被埋没其中。相反，如果选择口味浓重的雪茄烟与轻质鸡尾酒搭配，鸡尾酒的美味也就无从体会了。

此外，在烟与酒搭配时还要特别注意口味的协调。应选择同一类型的口味或者完全相反的口味来搭配。例如，以朗姆酒为基酒的“莫吉托（Mojito）”鸡尾酒具有朗姆酒所特有的糖蜜甜味。选择在点火时会散发出蜜糖香味的高希霸世纪六号（Cohiba Siglo IV）雪茄与之搭配会非常适合。

品味甜酒时选择辣味较强的雪茄烟与之搭配，口中交织的复杂味道也会带给人独特的享受。

配合雪茄口味的变化，洋酒也要逐渐向浓烈型转变

还有一点十分重要，那就是要及时地转换不同类型的饮品来配合不断变化的雪茄口味。在品吸雪茄的过程当中，酒的类型应该逐渐由清淡柔和转向辛辣浓郁。单纯饮酒，抑或单纯品烟都无法体会到这种复杂交织的趣味感受。

刚开始品吸雪茄的时候烟味还比较柔和，可以选择轻质型鸡尾酒等来搭配。

随着烟身的缩短口味也会逐渐转浓，辛辣的味道更加突显，因此所搭配的饮品就应该向更高度数的浓烈型转变。当辛辣味达到顶点时，可以选择甜口型鸡尾酒或利口酒、白兰地等来调和口中的刺激感觉。

比如在刚开始品吸雪茄时可以选择质地清爽、以朗姆为基酒的“莫吉托（Mojito）”。而后逐渐转换成威士忌开波酒（Highball）、然后再换成加冰威士忌等，使酒精度数不断提高。最后再利用白兰地调制而成的鸡尾酒来调节口味的平衡。

洋酒和雪茄的口味最好选择同一种类型

能够散发出糖蜜香气的雪茄
高希霸世纪六号（Cohiba Siglo IV）
＋
甜口型鸡尾酒
莫吉托（Mojito）

在雪茄酒吧中应先选择好洋酒，再请专业人士帮忙介绍适合搭配的雪茄

尝试多种雪茄与烈酒搭配的不同感觉，从中发现最适合自己的完美组合，是一件十分有趣的事情，同时也是一门很深奥的学问。向专业达人请教便成为了一条捷径，雪茄酒吧也是不错的尝试地点。在雪茄酒吧中首先应选择好想品味的洋酒，而后再向调酒师或懂行的人请教适合搭配的雪茄。在不断尝试组合的过程中你一定能够发现最适合自己的完美搭配。

初次尝试雪茄也无需紧张，要使自己尽量放松心情。除品吸雪茄的方法之外，还应向专家耐心请教有关雪茄的各种常识。在这一过程中不断感受雪茄的迷人魅力，用不了多久你也能够成为一个雪茄达人。

品吸一整根长雪茄平均需要花费1个小时。
中间时而要熄灭，饮酒，而后再吸。
雪茄的味道随着长度缩短而愈加辛辣浓郁。
因而也要适时地选择不同类型的美酒与之搭配。

一整根雪茄搭配莫吉托
（朗姆基酒）

约1/2根雪茄搭配开波酒
（威士忌基酒）

约1/2根雪茄搭配冰饮
（威士忌基酒）

约1/4根雪茄搭配法国贩毒网
（白兰地基酒）

金酒的历史

金酒也称为琴酒、毡酒、锦酒、杜松子酒，是以大麦芽、裸麦等为主要原料，配以杜松子酶为调香材料，经蒸馏、调配而得的一种烈性酒。

金酒诞生于荷兰，时间大约在17世纪初期。当时荷兰等欧洲列强纷纷远渡大西洋，专注于贸易。在驶向南方的船只上，一种不知名的热病在船员当中迅速蔓延。“杜松子酒（Genevier）作为这种热病的治疗药物被创制出来”，这也就成为了金酒的原型。荷兰莱顿大学一位名叫西耳维厄斯的教授，从当中萃取出了具有很高利尿效果的杜松子成分。

此后杜松子酒便作为具有利尿、退热、健胃效果的药用酒而热销，直到后来人们发现这种利尿剂具有香气和谐、口味协调、醇和温雅、酒体洁净等许多特点，于是就将其作为一种正式的酒精饮料开始饮用。

金酒的怡人香气主要来自杜松子。杜松子的加法有许多种，一般是将其用纱布包裹，挂在蒸馏器出口部位。蒸酒时，气味便进入酒中；或者将杜松子浸于中性酒精中，一周后再回流复蒸，将气味蒸于酒中。有的将杜松子压碎成小片，加入酿酒原料中，进行糖化、发酵、蒸馏来入味；还有的国家和酒厂配合其他香料如荽子、豆蔻、甘草、橙皮等，从而酿造出更具特色的金酒。

杜松子葡萄酒经由荷兰贸易商被远销至各国，并逐渐形成了“荷兰金酒（Geneber）”的叫法（荷兰

How to drink and enjoy GIN

金酒的品饮方法

从荷兰的杜松子酒到英国的金酒，再到世界的金酒，这一次次的蜕变，只能用“神奇”二字来形容

语中代表杜松子）。

关于诞生在荷兰的杜松子酒究竟是在什么时候传入英国的，一直存在着多种说法，但都和同一个名字有关，那就是后来成为英国统治者的威廉三世。有的认为是一直流亡于荷兰的威廉三世在返回英国继承王位之后，杜松子酒才由此从荷兰传入了英国，并且最终因为它的大受欢迎而在英文中拥有了“金酒”（Gin）这个更为优雅的名字；也有的认为是威廉三世统治英国之后，在17世纪末期发动了一场大规模的宗教战争时，士兵们将杜松子酒由欧洲大陆带回到了英国。

杜松子酒传入英国后，迅速得到了最大程度上的推广和流行。18世纪初，当政的安妮女王为了保护本国酿酒业的利益，颁布了十分具体的法令，要求必须对法国进口的葡萄酒和白兰地征收重税，同时通过降低本国蒸馏酒税收的办法来刺激人们更多地生产国产酒。也正是有了这样的法令，金酒才成为英国普通百姓最喜欢的一种廉价蒸馏酒。

当时很多的酒家都会打出“一般醉只需1便士，烂醉也只需2便士，并附送干净吸管”这种饶有趣味的招牌，在英国曾一度十分流行。

金酒的价廉物美，是它能够在世界范围内受到广泛欢迎的一个重要因素；此外，它所蕴涵和承载着的独特的文化内涵，就如它的名字一样“金光闪闪”，深深地打动了所有爱酒者的心，也使它成为了一种最持久的鸡尾酒。

对鸡尾酒的进化作出巨大贡献的“烈性酒之王”

享有“鸡尾酒的心脏”美誉

马天尼（Martini）、螺丝钻（Gimlet）、新加坡司令（Singapore Sling）、汤姆柯林斯（Tom Collins）、橙花鸡尾酒（Orange Blossom）、百万富翁（Million Dollar）……

这些都是十分知名的以金酒为基酒的鸡尾酒，并且种类还远远不止这些。以金酒为基酒的鸡尾酒在世界范围内十分常见。不仅能够展示出金酒本身的独特个性，作为基酒也不会对鸡尾酒的口味造成任何不良影响。

当今饮用伏特加酒成为了一种潮流，而金酒在白色烈性酒当中也是当之无愧的王者。

荷兰金酒自诞生至今，基本以单式蒸馏器酿造为主。主要原料为大麦麦芽、玉米以及黑麦。一般是将这些原料混合之后进行糖化、发酵，在单式蒸馏器中蒸馏2次或者3次。在蒸馏液中加入杜松子以及其他药草、香料类，再在单式蒸馏器中蒸馏，使蒸馏液的酒精浓度达到50°~55°。这时副生成物较多，残留有麦芽香，口味十分丰富。将蒸馏液移至木桶当中进行短期酿制，口感更加醇香自然。最后再加入蒸馏水使酒精度降至45°，而后使用陶制酒瓶进行灌装。

荷兰金酒由于使用木桶酿制，酒色淡黄，并且随着酿造时间的增长色泽也会加深，口味转为浓郁醇厚的浓香类型。荷兰的金酒通们都十分珍爱年代久远的古金酒。

荷兰金酒色泽透明清亮，香味突出，风格独特，适宜于单饮，不宜作为鸡尾酒的基酒。英国金酒的生产过程比荷兰金酒简单，它使用酒精和杜松子以及其他香料共同蒸馏而得，酒液无色透明，气味清香，口感醇美。既可单饮也可与其他酒混合配制，或作为鸡尾酒的基酒。

曾经引发暴动的“劳动者的酒”

荷兰金酒是在第三次英荷战争（1672–1674年）时传入英国的。

荷兰金酒在英语中的发音为“Jenever”。那一时期英国本地的蒸馏酒酿造方法尚不成熟，酒质还十分粗糙，因而这种香醇的杜松子酒便很快聚揽了人气，人们在酿制蒸馏酒的过程中都加入杜松子来增加香气。蒸馏酒的名称也在原有基础上被省略，逐渐转变为“金酒（GIN）”。

在金酒传入之前，英国人常饮的酒类有啤酒、法国进口葡萄酒以及白兰地等。在威廉三世的保护政策下，金酒的消费量逐渐攀升。到了随后的安妮女王时代，金酒的销售更是呈现出了急速增长的态势。

不过，那时市场上出售的金酒大多为价格低廉的品种，是劳动阶级中流行的饮品。在劳动者当中有越来越多的人开始沉迷于饮酒，还有的人为此生活日渐窘迫，甚至死亡。

尽管如此，金酒的消费量依然有增无减。自1690年到1729年约30年间消费量达到了原有的10倍。政府欲通过税收等方式来控制生产，但却效果甚微，并最终引发了暴动。暴动由1736年开始持续到1765年，历时30年之久。

●荷兰金酒的酿造方法

大麦麦芽、玉米、黑麦 → 发酵液 → 单式蒸馏器 → 加入杜松子等 → 单式蒸馏器 → 短期陈熟 → 加水 → 装瓶

●英国金酒的酿造方法

谷物、大麦麦芽 → 发酵液 → 连续式蒸馏机 → 加水 → 加入杜松子等 → 单式蒸馏器 → 加水 → 装瓶

金酒的品饮方法

下诞生的。其中最为著名的是“哥顿金酒（Gordon）”。不使用砂糖增加甜味的高纯度哥顿金酒（Gordon Dry Gin）也成为了后来伦敦金酒（London Dry Gin）的酿制基准。

1831年连续式蒸馏机被发明之后，伦敦干金酒（London Dry Gin）的纯度得到了提升，并由此实现大量生产及对外出口，许多制酒厂家纷纷推出了品质优秀口味独特的金酒品种。与此同时，除英国之外的其他国家也逐渐开始了金酒的酿造。这样一来，伦敦干金酒（London Dry Gin）也就失去了其“伦敦制造”的含义，而被固定为金酒的一个品种。

伦敦干金酒（London Dry Gin）使用玉米等谷物类以及大麦麦芽为原料，发酵之后在连续式蒸馏机中获得浓度为90°~95°的蒸馏液，而后加水使酒精度减至60°。加入杜松子及其他药草及香料后再在单式蒸馏器中蒸馏，使蒸馏液酒精度降至37°~47.5°，而后灌装入瓶。

在酒液中加入药草、香料等进行再次蒸馏的时候，首先要将单式蒸馏器上部的酒头取出，而后再加料，这样可使香气更均匀地融入酒中。

金酒的个性就在于其独特的香味，药草及香料的种类和用量不同，酒的香味也会有所差异。用料当中除杜松子之外，还包括有芫荽、茴芹、葛缕子、茴香、豆蔻等种子，白芷、鸢尾草及菖蒲等根类，以及柠檬皮、橙子皮，肉桂皮等。哪一种原料用量多少也成为了各家的酿酒秘笈。

英国产金酒中有19世纪流行的“老汤姆金酒（Old Tom Gin）”、英国海军御用的“普利茅斯金

品质不断提高演变为世界级“金酒”样貌

暴动被平复之后，金酒的酿造逐渐向优质型转变。伦敦干金酒（London Dry Gin）便是在这种背景

鸡尾酒热潮席卷全球并持续演变进化中

传至美国的金酒伴随着鸡尾酒的流行而不断提升人气。鸡尾酒热潮始于第一次世界大战期间，远赴欧洲大陆的美国兵士们在回国后广泛传播。以上流阶层为中心，金酒作为鸡尾酒的基酒而备受青睐。

不久美国便进入了“禁酒令”时代，但鸡尾酒在一些地下酒吧中却依然流行。由于无法通过正规渠道进口金酒，大量的粗劣金酒便肆意横行，一些酒吧中就使用这种劣质酒与果汁调兑成鸡尾酒对外销售。

自伦敦干金酒（London Dry Gin）诞生以来，许多制酒厂家一直以优质干酒为目标而不断追求，在酿酒方法上也不断改进。由于厂家及品牌的不同其酿酒方法也各具特色。由药用酒起航，到干酒的诞生，直至优质金酒的演变，构筑起了全新的金酒文化，相信在未来金酒也一定会获得更长足的发展。

酒（Plymouth　Gin）”以及加味金酒（Flavored Gin）等。

老汤姆金酒（Old Tom Gin）是在当时较为粗糙的原始金酒当中加入砂糖增加甜味，从而使口感更加轻松的金酒。普利茅斯金酒（Plymouth　Gin）是1793年诞生于英国海军基地普利茅斯的一种酒，是介于老汤姆金酒（Old Tom Gin）与伦敦干金酒（London Dry Gin）之间的类型。在第二次世界大战之前广受欢迎，而“二战”期间由于使用了粗质原料而导致消费者大量减少。“二战”之后原酒厂被美国舒莱产业公司收购，自那时起便向酿造优质干金酒转变。

加味金酒就是融入了果实风味的金酒。酿制方法有两种，一种是用果实代替杜松子加味后蒸馏，另一种方法是在成品金酒中加入果实增加香气。后者也被称为水果利口酒。

净饮 Straight

通过净饮的方式品味金酒，能够体会到辛辣平衡的优质口感。

●饮酒方式

金酒在冷藏或冷冻之后口感十分清凉，酒精的强烈刺激感也会转淡，饮用起来更加轻松。

金酒等烈性酒即便置于冷冻室内较长时间，由于酒精度数较高，也不会冻冰。饮用前最好连同酒杯一同放入冰箱中冷却，这样更能够持续低温效果从而获得长时间的美味享受。

●品味方法

选择金酒净饮的方式时，最好搭配其他饮品一同享受。一般会选择矿泉水，啤酒也不错。此外还有金酒与啤酒混合调制的“狗鼻子（Dogs Nose）”鸡尾酒。

EQUIPMENT 准备物品

金酒

净饮酒杯

INGREDIENTS 享受净饮时的材料及用量

金酒…………………………………………………… 45ml

METHOD 美味的制作方法

在净饮酒杯中注入金酒。

擅长饮酒的人一般会选择啤酒来作为配饮

金酒很适合与啤酒搭配享用。这是由于两种酒的原料都是大麦麦芽。人们在饮用德国金酒“斯坦因海卡（Steinhager）”时会先将酒放在冷冻室内使之充分冷却，而后搭配啤酒饮用。而荷兰金酒香味较为浓郁，若搭配啤酒口味则略显浮躁，因而选择矿泉水作为配饮更加合适。

在大玻璃杯中注水，做成配饮。

加冰 *On the Rock*

融入大冰块的冰饮方式，最适合体会金酒的时尚味道。

●饮酒方式

选择加冰的饮酒方式时，最好先使金酒冷却，这样随后放入的冰块更不易融化，酒的味道也就不会快速转淡。

在金酒加冰的方式中，金酒与青柠汁混合的“金青柠（Gin & Lime）”十分著名。省略掉青柠汁就变成了金酒加冰，即“Gin Rock”。这也是最接近金酒时尚口味的饮法。

●品味方法

与金青柠相比，金酒以更加鲜明的干味口感为特征。金酒所具有的细腻香醇味道也很值得品味，不同种类及品牌的金酒各具特色。

EQUIPMENT 准备物品

金酒

冰饮酒杯

冰块

INGREDIENTS 享受加冰时的材料及用量

金酒	45ml
冰块	适量

METHOD 美味的制作方法

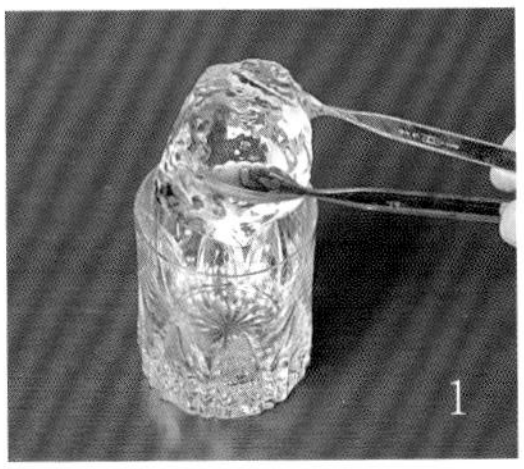
在冰饮酒杯中放入一大冰块。

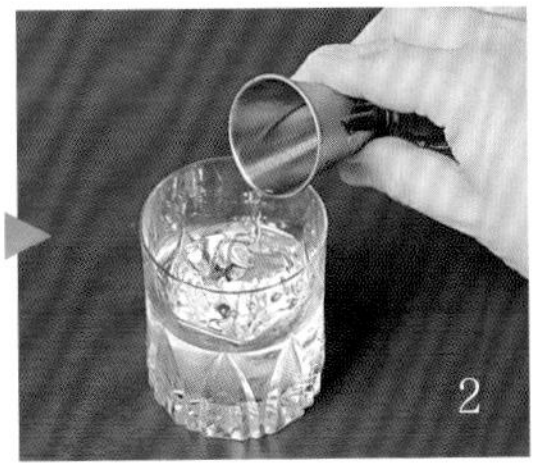
注入金酒后使用搅棒轻轻混合。

添加特殊药草及香料以增加香气的加味金酒

金酒是利用杜松子果实及其他草根木皮类来增添香气，也有使用水果或特殊药草香料来加味的类型，这种金酒被称为加味金酒（Flavored　Gin）。加味金酒的材料包括黑刺李（李子的一种）、柠檬、苹果、樱桃、橙子、薄荷以及生姜等。大多是融入糖分及精华成分形成的利口酒，因此以水果的甘甜风味为特征。建议通过净饮或加冰等方式来享用。

加味金酒（Flavored　Gin）的冰饮味道也十分丰富。

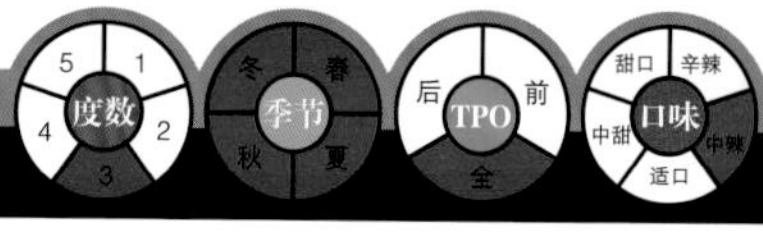

金利奇 *Gin Rickey*

混合苏打水及酸橙果肉的利奇酒类型。作为夏日饮品具有很高人气。

●饮酒方式

酸橙由果肉切口处挤压会更易出汁。将挤汁后的酸橙放入杯中，根据个人喜好使用搅棒捣碎果肉，酸味会更加浓郁。这样也能够获得更适合自己口感的酸味饮品。若不将酸橙榨汁，金酒的鲜明味道会更加突出。

●品味方法

“利奇酒”作为鸡尾酒的一种，指的是用烈性酒、酸橙果肉以及苏打水融合调制的饮品。作为夏日中的鸡尾酒饮品诞生自19世纪末美国华盛顿的餐馆里。

“利奇酒”这一名称源于最初饮用这种酒的客人的名字——吉姆利奇。

除金酒之外，使用伏特加或朗姆制作的利奇酒也具有很高人气。

EQUIPMENT 准备物品

金酒　大平底玻璃杯　冰镇苏打水　酸橙　冰块

INGREDIENTS 享受金利奇时的材料及用量

金酒	45ml
冰镇苏打水	适量
酸橙（切瓣）	1/2个
冰块	适量

METHOD 美味的制作方法

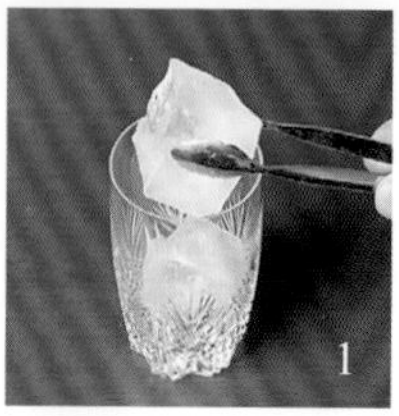

在大玻璃杯中放入冰块。

注入金酒。

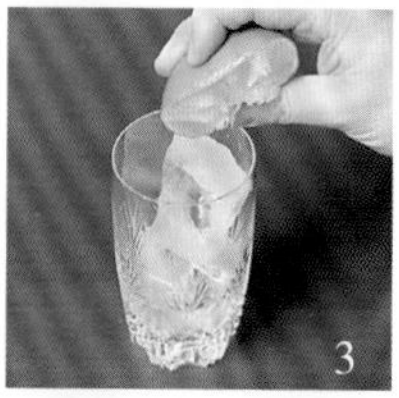

酸橙切半后向玻璃杯中挤入汁液。

注满苏打水。

使用搅棒轻轻混合。

使用搅棒捣碎酸橙可获得更加浓郁的酸味。

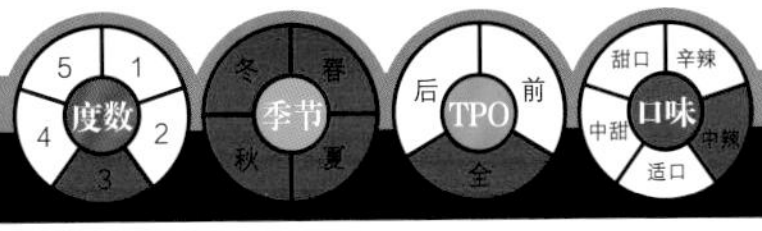

金汤力 *Gin Tonic*

英国人经常会选择金酒加汤力水的饮酒方式。制作方法简单，且无论任何季节或情境下都可轻松享受。

●饮酒方式

使用柠檬代替酸橙榨汁饮用亦可。柠檬与酸橙相比酸味较弱，因而口感更加柔和。

汤力水等碳酸饮料冷藏至6~8℃时可获得最美味的口感。但在注入时要特别注意避开冰块，沿着玻璃杯的边缘缓缓注入，使之与烈酒充分混合。若直接接触冰块，碳酸汽就会很快消失，需要格外注意。

●品味方法

汤力水是诞生自英国的一种碳酸饮料，原本是含有奎宁成分的一种保健饮品。

汤力水在女性当中具有很高的人气，也经常被作为餐前的开胃酒。第二次世界大战之后人们逐渐发现汤力水与金酒搭配口感不错，金汤力（Gin Tonic）也逐渐受到全世界的欢迎。甚至以往刚到酒吧时人们常说的一句“先来杯啤酒”，如今也渐渐改换成了“先来杯金汤力”。

EQUIPMENT 准备物品

金酒

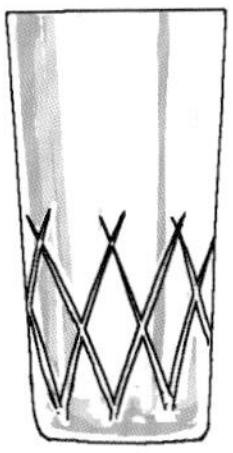
大平底玻璃杯

冰镇汤力水

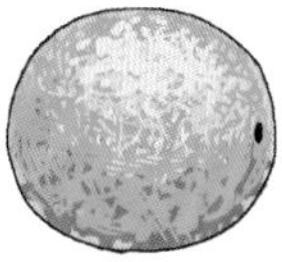
酸橙

冰块

INGREDIENTS 享受金汤力时的材料及用量

金酒	45ml
冰镇汤力水	适量
酸橙（切瓣）	1/6个
冰块	适量

随时随地都OK的常用饮酒方式。

METHOD 美味的制作方法

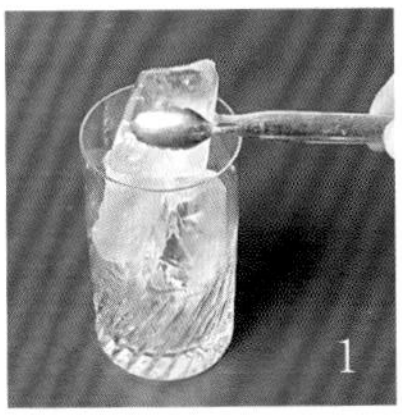

在大玻璃杯中放入冰块。

注入金酒。

加满汤力水。

用1/6个切瓣酸橙装饰玻璃杯边缘。

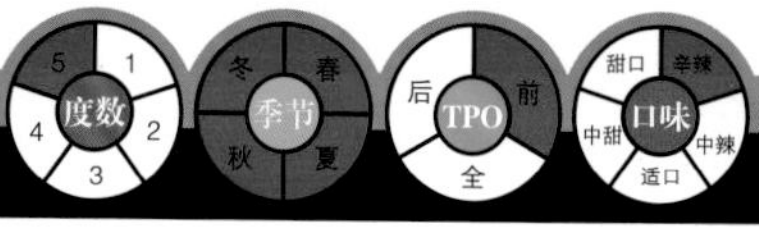

马天尼加冰 Martini On The Rock

马天尼也可作为长饮饮品来享用，鸡尾酒之王不断向更健康型转变。

●饮酒方式

马天尼原本是只需10分钟就可饮完的短饮型鸡尾酒。将金酒与干苦艾酒(Dry vermut) 在混合酒杯中充分调和之后注入鸡尾酒酒杯中，挤入柠檬皮汁加味，再添加上插有橄榄的鸡尾酒签制作完成。

在饮用这款被称为“鸡尾酒之王”的马天尼时，选择加冰方式变换成长饮鸡尾酒的做法曾经被许多人认为是旁门左道。不过近来这种加冰的饮酒方式却获得了越来越高的人气。许多人会选择在缓慢的时光当中悠闲地品味这种美酒。

●品味方法

苦艾酒是加味葡萄酒的一种，在白葡萄酒中浸入多种药草，酝酿出独特的风味。其中包括“意大利仙山露苦艾酒”、“法国苦艾酒”等品牌。

制作马天尼时，苦艾酒 (vermut) 的用量可根据自身喜好来调节，想获得干味口感时就加少量，期待甘甜味道就加多量。此外，金酒在冷藏室或冷冻室中冷却之后冰块更不易融化，口味也不会快速转淡。

EQUIPMENT 准备物品

INGREDIENTS 享受马天尼加冰时的材料及用量

金酒	45ml
干苦艾酒	10ml
橄榄	1个
柠檬皮	1块
冰块	适量

METHOD 美味的制作方法

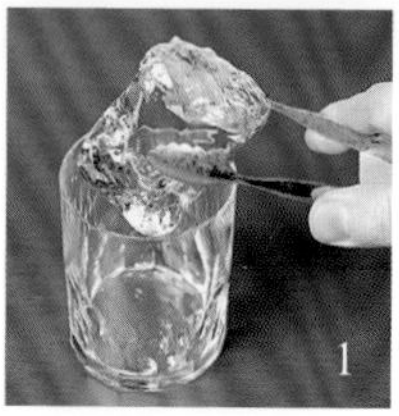

在冰饮酒杯中放入一大块冰。

注入金酒。

加入干苦艾酒。

使用搅棒混合。

柠檬皮挤汁，放入插有橄榄的鸡尾酒签。

在大杯鸡尾酒饮品中，这款马天尼加冰具有着超强人气。

金青柠 Gin & Lime

金酒中只融入青柠榨汁的简约口感。充满青春气息的传统饮酒方式。

●饮酒方式

炎炎夏日中选择大块碎冰代替常用的冰块使用，饮用口感会更加清凉爽快。青柠糖浆与生鲜青柠汁各半混合味道会更加美妙。

这也是著名鸡尾酒“螺丝钻（gimlet）”的加冰版。细心品味金酒与青柠混合的味道，在悠闲的时光中慢慢享受。

●品味方法

青柠与一般的柠檬相比具有更刺激的酸味和苦味，芳香也更加浓郁，可调制出口感清爽的鸡尾酒饮品。若想品尝到更浓郁的甜味，还可用青柠糖浆代替生鲜青柠汁，这个时候糖浆的用量以10~15ml为佳。此外若同时混入生鲜青柠汁及少量青柠糖浆，也可获得新鲜甜美的双料口感。

EQUIPMENT 准备物品

金酒

冰饮酒杯

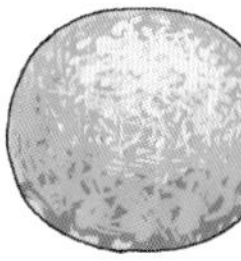

青柠

冰块

INGREDIENTS 享受金青柠时的材料及用量

金酒	45ml
青柠（切瓣）	1/6个
冰块	适量

METHOD 美味的制作方法

在冰饮酒杯中放入冰块。

注入金酒。

1/6切瓣青柠榨汁，挤入杯中。

使用搅棒轻轻混合。

劳动者的酒——金酒的售卖方式

18世纪前半期的英格兰曾被称为“金酒之地”。将金酒带来此地并实施保护政策的是来自荷兰的威廉三世及其义妹安妮女王，而上流阶级则依旧钟情于葡萄酒及法国白兰地，金酒在劳动者当中获得广泛支持。当时的酒吧当中甚至贴出各种各样优惠促销广告，在劳动阶层中招揽生意。此外有的雇主还用金酒代替工钱支付给工人。

浓郁的青柠香气，清新爽快的口感。还可根据个人喜好加入糖浆调味。

粉色金酒 *Pink Gin*

与“金酒净饮”十分接近的饮酒方式。适合饮酒达人在餐前或餐后享用。

●饮酒方式

只在金酒中加入安古斯图拉苦味酒便可简单制作完成的鸡尾酒。对于金酒的净饮方式不很适应的人，可以选择这种与净饮十分接近的饮酒方式来享受。在金酒所特有的香味之中融入几滴苦味酒，就可获得丰富的口感。

●品味方法

粉色金酒是最早以金酒为基酒的鸡尾酒。诞生于1826年，时值伦敦干金酒热销时期。前往殖民地赴任的英国将校将这种酒作为餐前开胃酒饮用。其所具有的预防疟疾以及增进健康的药用效果也引起了人们的关注。

那时基本使用普利茅斯金酒（Plymouth・Gin）来制作这款鸡尾酒。普利茅斯金酒也是当时英国海军的御用金酒品牌。

安古斯图拉苦味酒几乎可以说是苦味系利口酒的元祖。德国出身的海军军医于1824年在委内瑞拉安古斯图腊拉英国陆军医院中，以健胃强身为目的创造出这种酒。制作方法是在朗姆酒中融入从龙胆根中提取的苦味成分等，以强烈的苦味为特征。

尽管“酒为百药之首”，也要注意不要饮用过量。

EQUIPMENT 准备物品

金酒

安古斯图拉苦味酒

利口酒酒杯

INGREDIENTS 享受粉色金酒时的材料及用量

杜松子酒……………………………………………… 45ml
安古斯图拉苦味酒 ……………………………………2~3滴

METHOD 美味的制作方法

在利口酒酒杯中滴入2～3滴安古斯图拉苦味酒。

注满冰镇过的金酒。

金酒的独特口味与药酒的苦味绝妙交织，营造出不同以往的别致口感。

粉色金酒饮法多样，加冰方式也能令人愉悦

粉色金酒尽管是由鸡尾酒的颜色而得名，但实际上并非呈现出十分艳丽的粉色。若用橙皮苦酒代替安古斯图拉苦味酒就成为了黄色金酒（Yellow Gin）。橙皮苦酒就是使用橙皮及药草类制作而成的一款利口酒。

粉色金酒以加冰的方式来饮用（照片），越喉感会更加清爽畅快。

金霸克 *Gin Buck*

加入柠檬汁及姜汁饮料的饮酒方式。温和口感融合新鲜香气。

●饮酒方式

柠檬汁与姜汁饮料混合后口味如同夏日的清凉饮料。清爽畅快的口感使得饮用起来十分痛快。

姜汁饮料有辛辣及甜味两种类型，制作金霸克时选择甜口型更加适合。

●品味方法

霸克指的是在烈性酒中融入柠檬汁及姜汁饮料制作而成的鸡尾酒。若将基酒转换为朗姆就变成了“朗姆霸克”。在种类繁多的霸克中金霸克口感最佳，也有人称之为“伦敦霸克”。

霸克还具有“雄鹿”的含义，意指如雄鹿般强大。也就代表这种酒具有很高的酒精度数，并因此而得名。

若将柠檬汁换作橙汁就变成了“牛头犬（Bulldog Highball）”鸡尾酒。

EQUIPMENT 准备物品

INGREDIENTS 享受金霸克时的材料及用量

金酒	45ml
柠檬汁	20ml
冰镇姜汁饮料	适量
柠檬（切瓣）	1/6个
冰块	适量

METHOD 美味的制作方法

1 在大平底玻璃杯中放入冰块。

2 注入金酒。

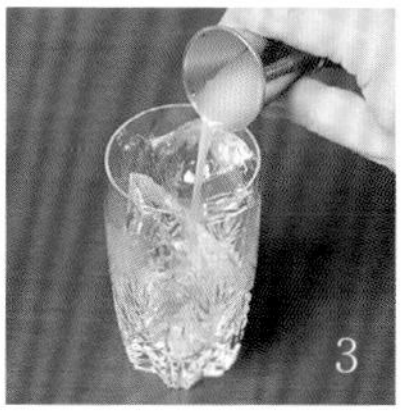

3 加入柠檬汁。

4 加满姜汁清凉饮料。

5 使用搅棒轻轻混合。

1/6切瓣柠檬装饰在玻璃杯边缘。

适合与金酒搭配的料理

由于金酒具有能与任何酒搭配的个性，因而也被称为“洋酒中的外交官”，经常被用作鸡尾酒的基酒。酒精度数较高，具有独特香气及爽快口感。金酒与料理的搭配范围也十分广泛，可根据个人喜好来选择。

■ 鱼贝类生春卷

使用新鲜大虾、扇贝以及生蔬菜等制作而成的带有沙拉感觉的越南口味料理。是能够突出金酒香气的一款美味。

制作方法：

①将调味汁材料中的大蒜及西红柿切碎，罗勒叶揉碎，与橄榄油、盐及胡椒混合后放置。
②米纸用水浸湿，放到干毛巾上。
③大虾及扇贝混合市售韩式拌菜调料。
④在变得柔软的米纸上放上生菜、切好的青椒以及大葱、韭菜，还有用拌菜调料混合的大虾及扇贝，而后卷起。
⑤洒入①中的调味汁。

材料（1人份）

大虾（煮熟）	3只
扇贝（刺身用）	1个
青椒	1个
韭菜	适量
大葱	适量
生菜	1片
米纸	1张
韩式拌菜调料	1大汤匙
<调味汁>	
大蒜	1小瓣
西红柿	1/2个
罗勒叶	1片
盐	少许
胡椒	少许
橄榄油	30ml

使爽快的金酒香气更加浓郁的美味料理

蔬菜及鱼贝类可选择个人喜好的类型。调味汁同样也可随意搭配。

干酪煎饼

只需使用帕玛森干酪（Parmigiano Reggiano）就可获得浓郁美味，因此这种干酪又被趣称为“厨房的先生”。香味浓郁，口感醇厚而奢华。

材料（1人份）

帕玛森干酪…………………………………… 40g

制作方法：

①器皿中铺上垫餐纸，放上帕玛森干酪，调整到自己喜好的大小及形状。
②微波炉中加热2分钟。

干酪可以实现如此华丽的变身，带给人十足惊喜；同时也可使料理更加丰富多样。

家庭制生马肉及生猪肉火腿

材料

猪里脊肉…………………………………… 500g
马肉…………………………………… 500g
盐…………………………………… 1kg
砂糖…………………………………… 600g
胡椒粒…………………………………… 100g

制作方法：

①盐、砂糖及胡椒粒混合。
②①中放入马肉和猪肉，置于冰箱中腌制6个小时。
③6小时之后从冰箱中取出，拭掉水分，用纱布包裹再置于冰箱中使之干燥腌制2～3日。
④切成薄片，装盘。

使用金酒调制而成的鸡尾酒“金酒之雾”

向装有细小碎冰（家中使用破冰器打磨的冰块亦可）的酒杯中注入金酒。清爽的金酒味道弥漫在碎冰块搭建的雪白世界之中。

金酒…………………… 30~45ml
细小碎冰…………………… 适量

金酒品牌精选15

●基本信息
1.制造公司名
2.原产地名
3.容量
4.酒精度数

钻石金酒 37.5°/47.5°

Gilbey's

鲜明的柑橘香味浓郁的清凉感，柔滑至极的口味

伦敦卡姆登镇（Camden Town）蒸馏酒厂于1872年开始酿造金酒。将杜松子、芫荽、橙皮、金桔等12种植物作为香料，继承传统酿制方法，在高32米的连续式蒸馏机中进行2次蒸馏，去除杂味后获得质地纯净口味柔滑的钻石金酒。

1.钻石酒业公司
2.菲律宾
3.750ml
4.37.5°/47.5°

吉伯圣干金酒

Gibson's

带有浓郁爽快的杜松子香气的正宗金酒

传统工艺精心酿造，具有浓郁爽快的杜松子香气的正宗金酒。

1.必得利（Bardinet）酒业公司
2.英国
3.700ml
4.37°

西格拉姆金酒

Segram

著名金酒品牌之中唯一在白橡木桶中酿造陈熟的品种

1939年上市，在美国达到No.1销量的高人气金酒。经过5次低温蒸馏，使用大量橙皮作为添加材料，酿成后具有爽快鲜明的柑橘系香味。由于在白橡木桶中酿造陈熟，还获得了温和润滑的口感。酒标中的『THE PERFECT GIN』是指西格拉姆金酒品质优秀，还可替代苦艾酒调制出美味的马天尼鸡尾酒。

1.西格拉姆酒业公司
2.美国
3.750ml
4.40°

南岸金酒

South Gin

出自新西兰著名伏特加酒酿造公司42纬之下的优质金酒

使用杜松子、药草、水果等9种添加材料，呈现出金酒特有香气的优质伦敦干金酒。新鲜柔滑的香味令人愉悦。

1.42纬之下酒业公司
2.新西兰
3.700ml
4.40.2°

金斯伯里 维多利亚桶酿金酒

Kingsbury Victorian Vat Gin

使用超过以往2倍的杜松子材料，再现干苦味的硬朗金酒

使用通常市售金酒2倍以上的杜松子材料，经木桶酿造陈熟。出自生产麦芽威士忌的著名金斯伯里酿酒公司，口味干苦硬朗的金酒类型。

1.金斯伯里酒业公司
2.英国（伦敦）
3.700ml
4.47°

要塞金酒

Citadelle Gin

精选19种香料及加味植物在2008年金酒大赛中获得优胜奖

法国产高品质金酒，融合19种杜松子及其他药草香料类，经3次蒸馏酿造而成。在2008年伦敦举办的『葡萄酒烈酒大赛』中获得一致好评。在2004年圣弗朗西斯科『国际烈酒大赛』中也荣获双项金奖。酒标中还绘有所使用的19种香料插图。推荐净饮或调制金汤力鸡尾酒时使用。

1.干邑 费兰
2.法国
3.700ml
4.44°

茨比亚斯基伦敦干金酒

Tvarscki London Dry Gin

作为马天尼、金汤力等鸡尾酒基酒最为适合

由拉索公司酿造生产的伦敦式干金酒，获得美国金酒通们长达50年的喜爱。并且不只在美国，它作为著名的金酒品牌在世界各地也广为人知。以植物的爽快香气和润滑轻快的口感为特征。作为马天尼、金汤力等鸡尾酒的基酒最为适合，属于香气浓郁的金酒类型。

1.拉索公司
2.美国
3.750ml
4.40°

（右起）北方新金酒 北方金酒15年 北方金酒20年

Noord Jonge Genever

Genever意指融入杜松子果实香味的荷兰产蒸馏酒

新金酒是在大麦麦芽原料中添加玉米及黑麦，使之发酵形成圆润口感，而后在单式蒸馏器中将酒精度蒸馏至50°~55°之间，再融入杜松子及其他香料成分酿制而成的金酒，是不带有浓郁木桶香气的新鲜类型。以淡淡的谷香及爽快的口感为特征。15年是将原酒移至白橡木桶中经15年陈酿而成的优质金酒品种。20年是具有十足陈熟感，融合细腻麦芽香气以及清新香料味道的类型，风味醇厚，带给人与陈酿苏格兰威士忌相似的口感。

1.北方酒业公司
2.荷兰
3.均为700ml
4.38°/15年、42°/20年

（右起）樊维斯金酒 3年 陶制瓶装
樊维斯金酒 10年
樊维斯金酒 20年

Van Wees Gin

拥有久远历史的古金酒

3年是将黑麦酿造的麦芽葡萄酒与特殊药草混合蒸馏，置于橡木桶中酿造3年陈熟的品种。所用容器是在江户时代该酿酒公司向长崎出口时使用容器的基础上再加工而成的蓝色陶制酒瓶。10年是樊维斯品牌当中非常珍贵的古金酒品种，这种10年以上的陈熟金酒具有着单一纯麦威士忌似的风味，是口感细腻柔滑的高品质金酒。20年是采用与以往完全相同的酿制方法，经20年酿制陈熟的古酒，同时也是该公司年代最为久远、品质奢华的金酒品种，具有异常圆润及醇厚的质感，与黑鱼子酱搭配口味超群。为限量生产品。

1.樊维斯酒业公司
2.荷兰
3.均为700ml
4.3年为40° /10年、20年为42°

伯纳特金酒 40° /47°

Burnett's

以杜松子香气为主的浓郁植物气息

富士御殿场蒸馏酒厂获准生产的国际性烈酒品种。以伯纳特公司原创制法为基准，植物成分（香味植物）由西格拉姆公司进口，融合富士山天然泉水酿造而成的纯净烈酒。很适合作为鸡尾酒的基酒，加冰或净饮享受均可。

1.富士御殿场蒸馏酒厂
2.日本
3.720ml
4.40° /47°

必富达金酒

Beefeater

Beefeater的意思是伦敦塔卫兵

必富达金酒诞生于1820年。此后在酿酒的过程中，除杜松子之外还加入了芫荽种子、白芷根等材料，至今仍延续使用这种传统方法，具体配方对外保密。以爽快的香气及爽滑的口感为特征，属于正宗的伦敦干金酒。作为新加坡司令鸡尾酒（诞生于莱佛士酒店Raffles Hotel）的基酒也广为人知。

1.詹姆斯・巴罗公司
2.英国
3.750ml
4.47°

博德尔斯英式金酒

Boodles British Gin

具有金酒原始的香气及柔滑爽快的口感

1845年上市销售。从原材料、制法到外部包装各个方面都以『世界级奢华金酒』为目标精心打造的优质金酒。通过减压蒸馏的方式融入香气，使得金酒本身所具有的杜松子香味更加鲜明，以柔滑爽快的口感为特征。建议净饮、加冰或调制口味深邃的干马天尼鸡尾酒。

1.西格拉姆公司
2.英国
3.750ml
4.45°

普利茅斯金酒41.2

Plymouth Gin

出自干金酒发源地，拥有英国最悠远的金酒历史

融合鸢尾科植物、白芷等7类精选材料，以优良口感及淡淡的甘甜味道为特征，是诞生自金酒发源地的干金酒品种。同时该金酒品牌也在英国拥有最悠久的历史。

1.普利茅斯
2.英国
3.700ml
4.41.2°

孟买蓝宝石金酒

Bombay Sapphire

近年来销量快速增长的优质金酒代表

融合世界范围内精选出的10类香味植物材料，采用独特的蒸汽注入（Vapor infusion）制法，酿造出具有高品质芳醇香气的金酒，1988年开始上市销售。维多利亚女王身像酒标搭配奢华的酒瓶色调，蓝宝石印象独特设计大获人气。精心酿造的深邃口味与清新香气融为一体，爽滑的口感独具个性。优秀品质通过净饮即可享受。

1.孟买烈酒公司
2.英国
3.750ml
4.47°

伦敦金酒

London Hill

精选十几种香味植物，屡次荣获大奖的金酒品牌

酒厂建于1785年。在全球知名的葡萄酒及烈酒大赛（International Wine & Spirit Competition）中屡次获奖。精选十余种香味植物，突出杜松子的香气，通过传统的双重蒸馏法酿造而成。散发出淡雅的香气，爽快香味与复杂口感融合交织，透明而新鲜的越喉感受通过净饮方式品味最佳。作为多款鸡尾酒的基酒也很适合。

1.伊安麦克罗德公司
2.英国
3.700ml
4.40°

每一种鸡尾酒都有适合品味的时间段

品味洋酒时要选择适合的时间。特别是鸡尾酒，每一种鸡尾酒都有其适合品味的时间段。以晚餐为中心设定有“餐前（Pre　Dinner）”及“餐后（After Dinner）”两个时段，除此之外还有无时间限制的全天。这样划分有其内在的理由。

餐前润喉应选择具有增进食欲效果的酒

餐前酒的选择要以润喉和增进食欲为目的。甜味略淡且带有些许酸苦味道的清爽型较为适合，不擅长饮酒的人应选择酒精度数略低的类型。餐前开胃酒的代表当属马天尼鸡尾酒。

在本书所介绍的酒类当中，混合苏打水、血腥玛莉（Bloody Mary）、金青柠（Gin Lime）以及马天尼加冰等作为餐前酒也很合适。此外还可选择威士忌、伏特加、金酒以及龙舌兰酒（Tequila）等净饮或加冰的方式。

可根据自身喜好来调节口味
“血腥玛莉（Bloody Mary）”

制作简单的餐前开胃酒代表
“金青柠（Gin · Lime）”

制作成马天尼大杯冰饮后享用
“加冰马天尼（Martini On The Rock）”

擅长饮酒的人可以选择净饮方式
“净饮龙舌兰酒（Tequila Straight）”

餐后应选择能够调整口内环境并促进消化的酒

餐后酒应该以调整口内环境、促进消化为目的，选择甜口型鸡尾酒或酒精度数较高的类型更加适合。

威士忌要选择净饮或加冰的方式，威士忌麦克（Whisky Mac）、锈钉（Rusty Nail）等也很适合在餐后饮用。饮用白兰地时可选择净饮方式，此外还有法国贩毒网（French Connection）、热蛋诺酒（Hot Eggnog）及尼克拉西卡（Nikolaschka）等。伏特加酒中使用甘露咖啡利口酒（Kahlua）调制的黑俄罗斯（Black russian）在餐后享用也十分美味。

适合全天饮用的基本上是酸味、苦味及甜味适度融合的类型。大多数鸡尾酒都可作为全天内饮品。

也有对应不同时段直至就寝前饮用的酒类

在欧美等国，除上述分段方式之外，还包括有比餐前更早时间饮用的开胃酒、晚餐中代替前菜及汤的俱乐部鸡尾酒（Club Cocktail）、适合深夜饮用的晚餐鸡尾酒（Supper Cocktail）午夜前鸡尾酒（Before Midnight Cocktail）以及入睡之前饮用的寝前鸡尾酒（Night Cap Cocktail）等。

晚餐鸡尾酒（Supper Cocktail）的酒精度数较高，以辛辣口味为特征。寝前鸡尾酒（Night Cap Cocktail）中以白兰地作为基酒或使用鸡蛋调制的种类较为典型。

此外还有一种刺激性饮料（Reviver），在日本被称为“迎接酒”，饮用后可使精神振奋，这也是擅长饮酒的欧美人的一种习惯。不很擅长饮酒的人可选择在悠闲的假日时光中品尝一下。

建议晚餐后在书房内享用

“威士忌麦克（Whisky Mac）”

柔美的甜味及香气令人愉悦

“法国贩毒网（French Connection）”

使用白兰地、鸡蛋等调制，可促进睡眠

“寝前鸡尾酒（Night Cap Cocktail）”

咖啡的味道最适合闲适的餐后时光

“黑俄罗斯（Black russian）”

趣味的饮酒方式帮助你演绎快乐的餐后时段

“尼克拉西卡（Nikolaschka）”

龙舌兰酒的历史

一些人认为口感爽快的龙舌兰酒是用仙人掌酿造而成的，事实上并非如此。龙舌兰酒的酿酒原料是石蒜科多年生草本植物龙舌兰。在墨西哥被称为“Maguey”，学名是“Agave”。

龙舌兰的样子与芦荟比较相像，属于百合科，茎节短小，叶长多肉，层层向外，摊开成片，边缘有硬而尖的钩刺。它的叶子折断后不会像芦荟那样流出黏性汁液，而有细线状的筋。自古以来，墨西哥人就把它晾干了搓绳，编网，织布，甚至制作成纸，用途很广。

龙舌兰最奇特之处是它的椭圆果实，非常像是一颗硕大的凤梨，内部多汁富含糖分。不能食用，但当地居民可以用它作为制糖的原料。最早用龙舌兰酿的酒叫普罗科（Pulque），主要用于宗教活动，饮后可以让人产生幻觉，以便于与神沟通。

真正的龙舌兰酒是使用龙舌兰的糖汁蒸馏酿造的“麦斯卡尔酒（Mescal）”的一种。

利用龙舌兰树汁蒸馏酿酒始于18世纪中期，是在西班牙征服了墨西哥的前身阿兹特克王国之后。

远离家乡长途征战的西班牙士兵整日与酒为伴，但随身带来的酒却很快见了底，与国内的联系也一

How to drink and enjoy

龙舌兰酒的品饮方法

最刺激，个性最突出，最具有“罗曼蒂克”情调的鸡尾酒

度中断，饮酒失去了来源。苦闷之中西班牙人开始在附近寻找代用品，由此得知了当地人常饮的一种酿造酒，即普奎。在对酿酒原料龙舌兰有了一些了解之后，就模仿着白兰地的酿酒方法尝试制作出了蒸馏酒，即“麦斯卡尔酒”。在与本国取得了联系之后，又得到了常饮的葡萄酒等的补给。而麦斯卡尔酒则在当地人中广为流传，并逐渐成为墨西哥的国民酒。

麦斯卡尔酒目前有几个酿造地点。其中哈利斯科州特其拉村酿造的麦斯卡尔酒是龙舌兰酒的前身。特其拉村生产的麦斯卡尔酒被称为“Agave Azul Tequilana”，并且只以附近采摘的龙舌兰作为酿酒原料。酒质较其他地区更为优良，在国内受到好评。不过这种酒也只是在当地的酒种中较为出名，充其量也只能被称为特其拉村麦卡斯尔酒。

龙舌兰大约有200多个种类，要真正成熟需要7～12年的时间。平均来说一般在龙舌兰生长8年后采摘。有时候选择龙舌兰的品种就需要3年的时间，从开始的龙舌兰采收到制造出成品，大约每8Kg龙舌兰果实，才能制造出1L酒。

出于对天神的虔诚，墨西哥人酿造龙舌兰酒有一种很特别的方式，就是朝采收后的龙舌兰吐口水。口水中的酵母菌和植物中的淀粉会产生反应生成酒精和二氧化碳。但是这种方法制成的酒一般只会留着自己喝，因为它的味道很臭。只有当这种“白龙舌兰酒”经过蒸馏后酒精浓度达到50° 以上，才会装瓶出售，但还是会有腥臭味。蒸馏后的颜色透明的龙舌兰酒再经过一年橡木桶的储存，橡木的颜色及香味就会慢慢渗入酒中，从而形成颜色呈淡琥珀色的“黄金龙舌兰酒”。

在经过国际上的协议后，目前包括欧盟在内的世界主要国际商业组织几乎都已认定，Tequila是一个受国际公约保护，只准在墨西哥生产的产品。从此以后，即使有其他国家生产、使用相同原料与制造方式制作出的酒，也不可以在国际上用Tequila的名义销售。

龙舌兰酒 的品饮方法

诞生自墨西哥的爽快烈酒
在美国获得承认
向世界伸展羽翼

将墨西哥的阳光风土直接装入瓶中的地域特色烈酒

在墨西哥特哈利斯科州特其拉村的村口，有一个描述造酒的巨型雕塑，一位农民在奋力扬斧，劈砍着蓝色龙舌兰的硕大果实，清醇的汁液从球茎处向酒桶中缓缓流淌。雕塑的基座上刻着“爱情、友谊、欢乐，酿酒、土地”这10个大字。

特其拉是地处墨西哥中部的一个小村庄，在特其拉及周围地区广泛种植的龙舌兰，是其族谱中的优良品种，是酿制特其拉酒的原料。由于龙舌兰具有观赏性，现在在日本、台湾及东南亚各地的植物园中到处可见。

特其拉酒所选取的龙舌兰一般生长在海拔2000多米高的死火山山坡上，最好是朝东，以贫瘠的红土为好。现在大多已经是人工栽培，4 ~ 6岁时从母株上取下幼枝移栽到地里，每亩可种植1000 ~ 2000株。有时和玉米，大豆混种，基本上不用灌溉，只依赖于每个雨季的自然降水。在特其拉整个地区有5万亩土地用来种植龙舌兰，共有1亿株，作为几十个酒厂的原料。

在龙舌兰的叶子中心隐藏着一种白色的虫子，味

How to drink and enjoy TEQUILA

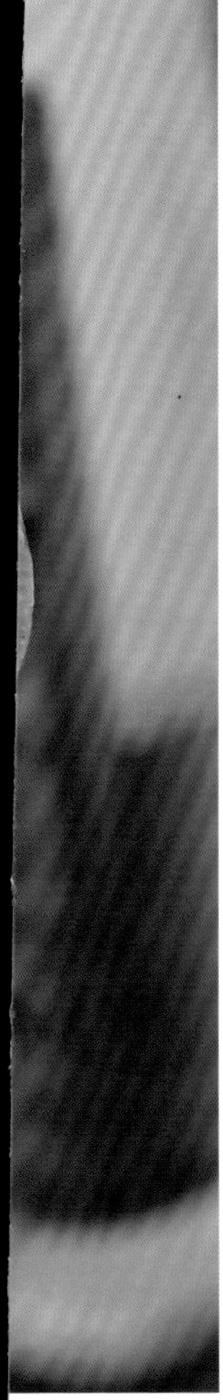

道鲜美，营养丰富，中部的墨西哥人一直食用。在龙舌兰的根部，有一种红色的虫子，也可食用。每年第一场雨后，这些虫子就会从龙舌兰上爬下来，到地上饮水，在这时人们就开始捕捉。可以把它装到龙舌兰酒的瓶里，为酒带来了奇异神秘的色彩。

特其拉新蒸出来的酒，晶莹透明，纯净无色，可以调成40° 后直接装瓶出售，也可以在不锈钢容器中储存一段时间。这些都是白色或银色龙舌兰，酒体清冽，火辣呛人。或者在橡木桶中贮放3~5年，甚至更长时间，成为金色龙舌兰，入口柔和，绵软悠长。

由美国认定的麦斯卡尔酒的最高级品“龙舌兰酒”

经过漫长岁月的反复尝试和改良，龙舌兰酒逐渐演变成了今天的口味与品质。而真正促使国际性“龙舌兰酒”诞生的并不是它的创始地墨西哥，却是比邻而居的美国。

1873年，特其拉村向美国新墨西哥州出口了3桶麦斯卡尔酒。美国人在初次品尝过这种酒后感觉十分美味，但却不知其酒名。酒瓶外装上也没有标注别名，最后终于找到了标示产地的文字“特其拉村”，因而这种酒就被定名为“龙舌兰酒（特其拉酒）”。

在获得了美国的承认之后，“龙舌兰酒”便开始了飞速的发展。在1893年芝加哥世界博览会上，“龙舌兰酒”被授予认证许可。在1910年德克萨斯圣安东尼奥也获得了龙舌兰葡萄酒的酿造许可证。这样一来“龙舌兰酒”就在美国确立了地位，从麦斯卡尔酒中独立出来进入全新发展时期。

●龙舌兰酒的种类

类型	原料	酿造时间	颜色	副生成物量
Reposado	龙舌兰	木桶中2月～1年	淡黄色	微弱桶香
Añejo	龙舌兰	橡木桶中1年以上	浓金色	微弱桶香
Blanco（或Silver）	龙舌兰	不经桶酿60日内装瓶	无色	甘冽清爽

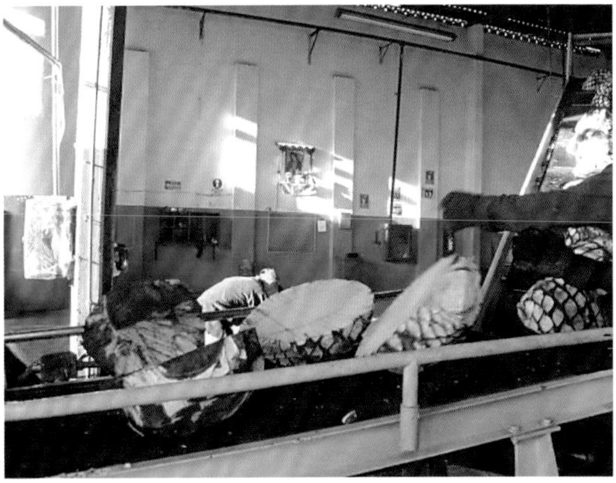

龙舌兰酒的品饮方法

与麦斯卡尔酒在制作方法上的微妙不同是龙舌兰酒的存在意义

麦斯卡尔酒的酿造过程如下。

首先将作为原料的龙舌兰的叶子剥落下来，挖下直径为70～80cm的果实，重量平均在40～50kg。

把果实切割成数段之后放入压力锅中蒸煮。而后再将其粉碎压榨，收集糖汁。将所获汁液装入不锈钢桶或木桶中让其发酵约1周时间。为了加速发酵，有些地方还会加入砂糖，而砂糖的总量不会超过30%。

在单式蒸馏器中蒸馏2次。制作麦斯卡尔酒时会留取全部的蒸馏液。此时的酒精度数为50°～55°。置于不锈钢桶或橡木桶中短期贮藏后，加水制成成品。

而龙舌兰酒只留取第二次蒸馏后的中留液，并且除短期贮藏的制品外，还有在橡木桶中陈酿的类型。

酒桶中贮藏2个月以上的龙舌兰酒被称为“Tequila Reposado”，呈现淡淡的黄色，散发出微微的桶香。贮藏1年以上的叫做“Tequila Añejo”，酒色深浓、桶香浓郁，感觉上与白兰地较为接近。不经桶酿的龙舌兰酒被称为“Tequila Blanco”或者“White

Tequila”。在这3类当中最具龙舌兰酒特征的是散发着爽快酒香的“Tequila Blanco”。而“Tequila Añejo”则被视为奢华的高级品，不如“Blanco”那样具有十分浓郁的龙舌兰酒特色。

受到法律保护的高级品质赢得全世界广泛欢迎

“龙舌兰酒”受到墨西哥政府的法律保护，被列入法律条文是在美国获得承认之后。

由于出口量激增，龙舌兰酒陷入原料不足的艰难境况。这样一来便导致越来越多掺水现象的出现。为了维持品质就要在原料及加工工艺上做出严格要求。

酿造并销售龙舌兰酒必须满足以下几个条件。第一，利用砂糖获得酒精浓度时砂糖的用量只能在50%以下。第二，为加快发酵添加砂糖的分量也不能超过30%。第三，蒸馏时不可留取酒精浓度在55%以上的蒸馏液。

特其拉村酿造生产的“麦卡斯尔酒（Agave Azul Tequilana）”如果不符合上述条件也不能被称作“龙舌兰酒”。而以龙舌兰为原料符合这些条件的酒，即使不出产自特其拉村也应该被认定为“龙舌兰酒”。龙舌兰酒目前得到认可的产地除了哈利斯科州（Jalisco）的特其拉村之外还有米却肯州（Michoac á n州）、纳亚里特州（Nayarit）、瓜纳华托州（Guanajuato）以及塔毛利帕斯州（Tamaulipas）。

在政府的重视和保护政策之下，龙舌兰酒实现了飞速的发展，期间也出现了几次高潮。

在1949年的全美鸡尾酒大赛中，使用龙舌兰酒调制的玛格丽特鸡尾酒（Margarita）荣获大奖。1968年墨西哥奥运会上龙舌兰酒也大展风采。1972年滚石乐队（Rolling Stones）在美国巡演时，主唱米克·贾格尔（Mick Jagger）在饮用了“龙舌兰日出（Tequila Sunrise）”鸡尾酒后十分喜爱，龙舌兰酒也因此声名远扬。

如今龙舌兰酒面向欧洲的出口十分活跃，西班牙和意大利的销量尤为突出。在日本，龙舌兰酒的进口量也逐步增长，并呈现出继续扩大的势头。

净饮 Straight

对应龙舌兰酒的不同类型，区别使用不同酒杯。

●饮酒方式

想要品尝到最正宗的龙舌兰酒的味道，建议选择短期贮藏的“Tequila Blanco”。若对香味更加注重则可选择1年以上桶酿的“Tequila Añejo”，桶香浓郁，具有类似白兰地的醇香口感。

Tequila Blanco最好在冰镇之后使用净饮酒杯饮用。而Añejo则最好使用白兰地酒杯或试酒杯等杯口内收的郁金香型酒杯，因为这种酒杯形状更不易使酒香挥散。冰镇之后饮用香气就会转弱，因而最好在常温下品尝。

●品味方法

龙舌兰酒的配饮一般是矿泉水，饮用Blanco时在墨西哥本土也经常搭配桑格里塔鸡尾酒（Sangrita）。

EQUIPMENT 准备物品

金龙舌兰酒

净饮酒杯

INGREDIENTS 享受净饮时的材料及用量

金龙舌兰酒…………………………45ml
自己动手制作桑格里塔（Sangrita）风味配饮
番茄汁…………………………60ml
橙汁…………………………30ml
酸橙汁…………………………10ml
伍斯特沙司（Worcestershire sauce）…………5ml
塔巴斯科辣椒酱（Tabasco）…………数滴
盐、胡椒…………………………少许
将上述材料均匀混合。

METHOD 美味的制作方法

在净饮酒杯中注入龙舌兰酒。

大平底玻璃杯中注水，做成配饮。

饮用琥珀色醇香优质Añejo时要先充分品味酒香

1年以上木桶陈酿的龙舌兰酒呈现出琥珀色调，散发出类似于白兰地似的木桶香气。因而最好选择试酒杯，在充分品味过酒香之后再慢慢品尝。

墨西哥人经常将“桑格里塔”与龙舌兰酒搭配饮用

桑格里塔（Sangrita）是以番茄汁为主体，混合橙汁、洋葱、辣椒以及大蒜等调制而成的鸡尾酒，搭配饮用可使龙舌兰酒的刺激美味更加突出。墨西哥人一般会在家中自己调制，勾兑方法也多种多样。市场上也有桑格里塔酒的成品销售，作为其替代品可选择“处女玛莉（Virgin Mary）”或在索查酒中融入番茄汁。

龙舌兰酒+酸橙或盐

Tequila with Lime & Salt

墨西哥的传统饮酒方式，使用酸橙和盐来调节口味。

EQUIPMENT 准备物品

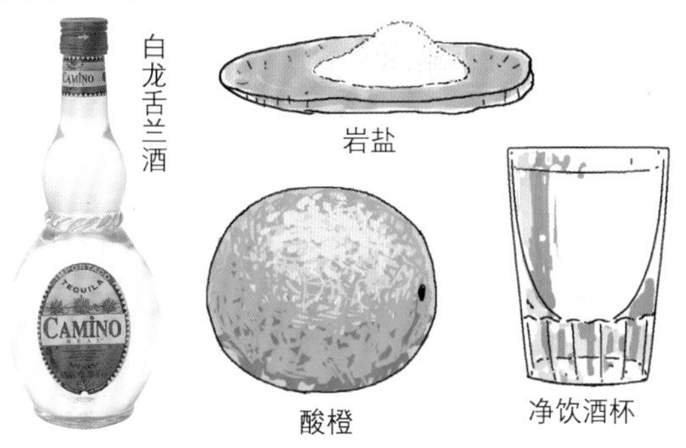

INGREDIENTS 享受酸橙和盐时的材料及用量

白龙舌兰酒	45ml
酸橙（切瓣）	1/6个
岩盐	适量

●饮酒方式

这是一种正宗墨西哥式的龙舌兰酒品味方法。先咬一口切瓣的酸橙，使果汁残留于口中，然后一口喝下龙舌兰酒，再舔一舔拇指与食指间放置的岩盐。

选择这种饮酒方式时，具有浓郁龙舌兰酒味道的Blanco类型最为合适。

除Tequila Blanco之外还需要准备酸橙及岩盐。

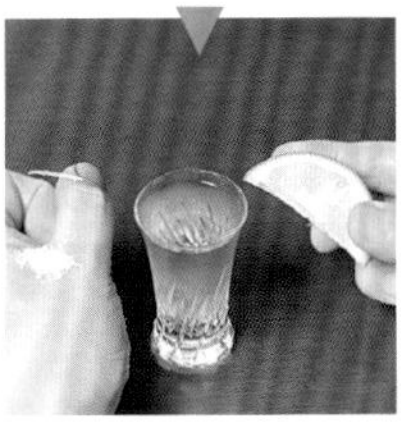
咬一口酸橙，使果汁残留于口中。

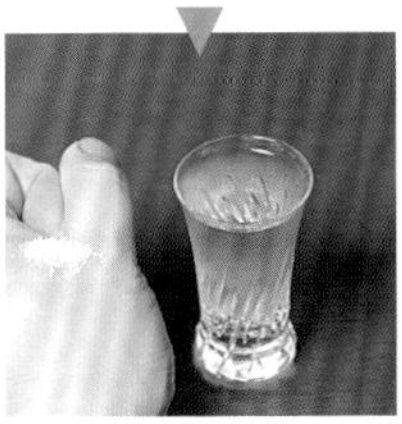
马上饮用一口龙舌兰酒，再舔一下岩盐。

●品味方法

岩盐实际上是代用品。最初的原始方法是一边舔食Gusano Rojo（一种虫子）在龙舌兰叶子上残留风干的尿液一边饮酒。这种虫子也是墨西哥人重要的蛋白质来源。如今在一些大众的饮酒场所里也依然存在将Gusano Rojo烘烤并碾碎成粉，而后与辣椒和烤盐混合搭配饮酒的方式。

METHOD 美味的制作方法

在净饮酒杯中注入龙舌兰酒。

另外准备好1/6个切瓣酸橙及岩盐。

在选择这种墨西哥传统的饮酒方式时，Tequila Blanco口味最佳。

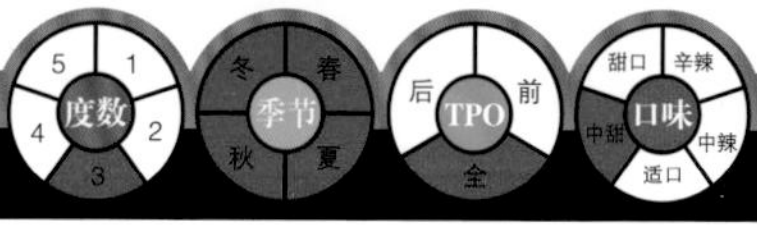

仙蒂小姐 *Shady Lady*

弥漫着哈密瓜与葡萄柚的甜蜜水果香味，深受女性喜爱的美味饮品。

●饮酒方式

龙舌兰酒十分适合与香橙和菠萝搭配，在调制龙舌兰鸡尾酒时也经常会用到这些水果。其中这款“仙蒂小姐（Shady Lady）”就使用了葡萄柚和哈密瓜，饮用口感极具个性。

●品味方法

“仙蒂小姐”意指影像怪异的女性。这里被用作装饰的是葡萄柚，若换作哈密瓜影像会更加奢华。

METHOD 美味的制作方法

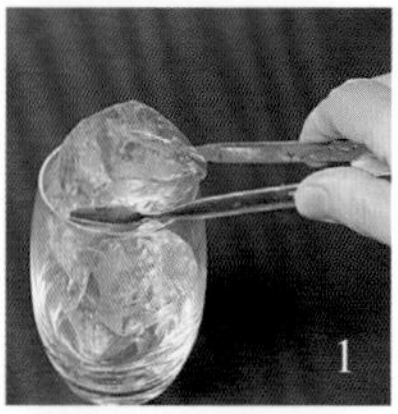
1 高脚酒杯中放入冰块。

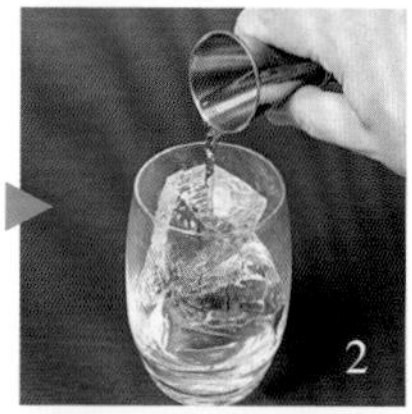
2 注入龙舌兰酒。

3 加入哈密瓜利口酒。

4 加入葡萄柚汁。

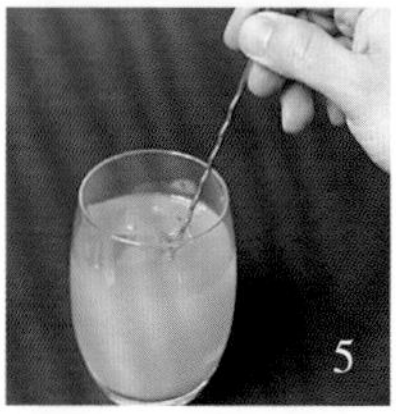
5 使用搅棒混合。

6 1/6个切瓣葡萄柚装饰于玻璃杯边缘。

龙舌兰酒的原料“龙舌兰”的使用方法

作为龙舌兰酒酿酒原料的龙舌兰是阿兹特克人生活中不可欠缺的植物。自公元前3000年前开始就被发现并采用，使用范围十分广泛。首先可作为纺织纤维来利用。叶子的汁液还可替代洗涤用香皂，也可作为胃药；煎煮过的汁液可用于治疗眼疾；干燥后的粉末可作为黄疸药物；生鲜的叶子可以治疗外伤；此后又被用作酿酒的原料，作为药性酒的功效也十分值得期待。

EQUIPMENT 准备物品

INGREDIENTS 享受仙蒂小姐时的材料及用量

白龙舌兰酒	45ml
哈密瓜利口酒	30ml
葡萄柚汁	90ml
葡萄柚（切瓣）	1/6个
冰块	适量

装饰时也可选择哈密瓜来烘托奢华气氛。

斗牛士 *Matador*

带有菠萝和酸橙的爽快口感。使用生鲜菠萝汁可获得更加深邃浓郁的味道。

●饮酒方式

“Matador”的意思是斗牛士。由于受到西班牙的影响，斗牛在墨西哥也非常流行。以热情斗牛士冠名的鸡尾酒会让人联想到火辣热烈的口感，而意想不到的却是甘柔清爽的口味。酸橙汁量在增减的过程中不会影响到酒的味道，可根据个人喜好进行调节。

●品味方法

将生鲜菠萝放入搅拌机中榨汁后使用，除清凉感之外还具有浓郁而深邃的味道。

由于菠萝中的纤维较多，榨汁后不太适合直接饮用，调制后会形成较为浓厚的蜜状。因而榨汁的同时在搅拌机中加水是一个窍门。

EQUIPMENT 准备物品

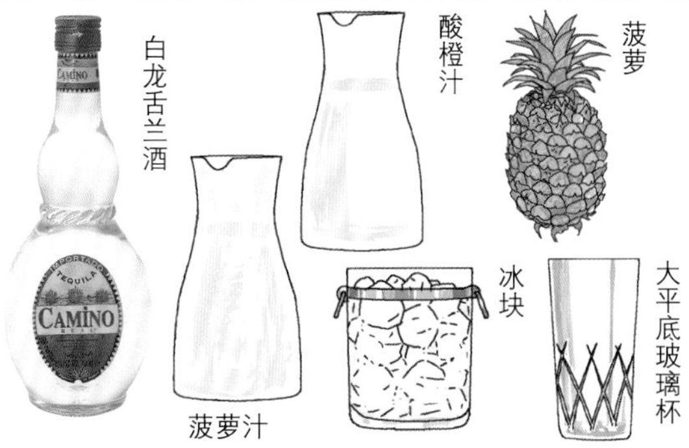

INGREDIENTS 享受斗牛士时的材料及用量

白龙舌兰酒	45ml
菠萝汁	90ml
酸橙汁	15ml
菠萝（切块）	1块
冰块	适量

METHOD 美味的制作方法

1 大平底玻璃杯中放入冰块。

2 注入龙舌兰酒。

3 加入酸橙汁。

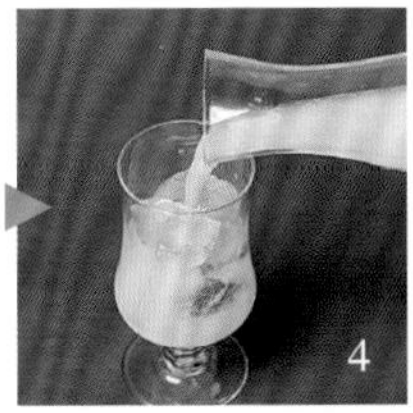
4 加入菠萝汁。

5 使用搅棒轻轻混合。

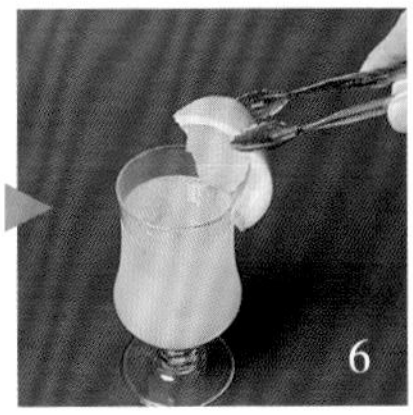
6 玻璃杯边缘用切块菠萝装饰。

可根据个人爱好加减酸橙汁量。

龙舌兰日出 *Tequila Sunrise*

通过石榴糖浆和橙子呈现出墨西哥朝霞的迷人景象。

●饮酒方式

墨西哥是水果丰产的国家，龙舌兰酒可与多种水果搭配调制出美味的鸡尾酒饮品。龙舌兰日出就是其中之一，美味口感如橙汁一般。

1972年“滚石乐队”在全美巡演时，主唱米克·贾格尔对龙舌兰日出一见钟情，这种酒也因此而名声远扬。一边听滚石的CD一边饮用这种鸡尾酒会十分陶醉。

●品味方法

沉淀至玻璃杯底的石榴糖浆（Grenadine Syrup）的红色与橙色相融，呈现出墨西哥朝霞的迷人景象。

有日出就有日落。龙舌兰日落是冰冻型鸡尾酒，使用龙舌兰酒与柠檬汁、石榴糖浆调和而成，辉映出粉红色夕阳的柔美景象。

这两款鸡尾酒中使用的石榴糖浆是在糖浆中融入石榴的风味。有融合果汁的类型以及只加入果实精华及色素的无果汁类型。不只能够获得甜美个性的口味，还可呈现出华美的色调，在调制鸡尾酒时经常会用到。

EQUIPMENT 准备物品

INGREDIENTS 享受龙舌兰日出时的材料及用量

白龙舌兰酒	45ml
橙汁	90ml
石榴糖浆	10ml
香橙（切瓣）	1/6个
冰块	适量

METHOD 美味的制作方法

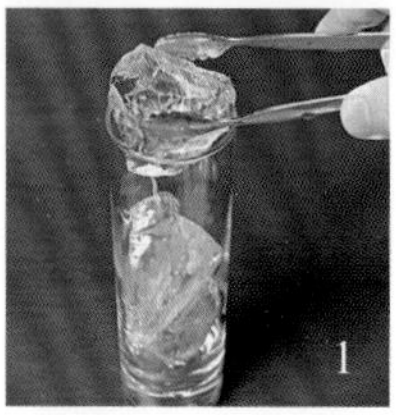
1 可林杯中放入冰块。

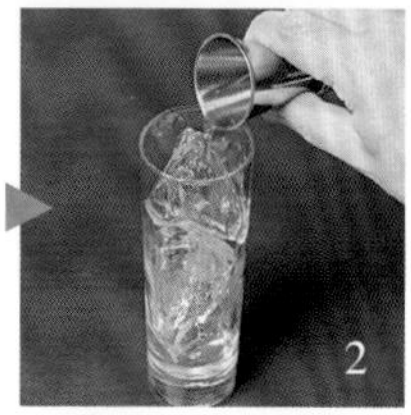
2 注入龙舌兰酒。

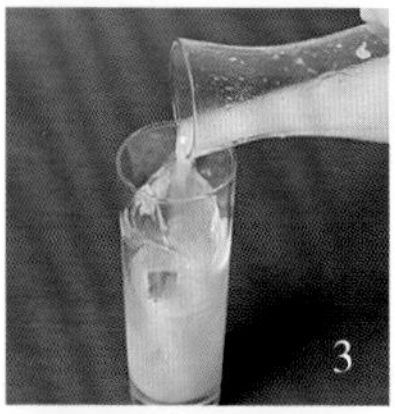
3 加入橙汁。

4 使用搅棒轻轻混合。

5 向玻璃杯中央注入石榴糖浆。

6 再使用搅棒轻轻搅动，使整体混合均匀。

酒杯中呈现出墨西哥朝霞景象的美丽鸡尾酒。

墨西哥马德拉斯 Mexican Madras

小红莓和香橙是龙舌兰酒的最佳拍档，十分适合女性饮用的美味饮料。

●饮酒方式

对于美国人来说小红莓就如同母亲般的味道。是调味汁和果酱中经常使用的材料。

鸡尾酒中有伏特加混合葡萄柚汁及小红莓汁的“海风（Sea Breeze）”，还有伏特加与小红莓汁混合的“海角天涯”等，都是美国人十分喜爱的鸡尾酒。

此外，通过龙舌兰日出也能够看出橙汁与龙舌兰酒搭配十分完美，因此，若将龙舌兰酒与橙汁及小红莓汁混合在一起，就可获得更加自然美味的口感。

●品味方法

将“海风（Sea Breeze）”中的葡萄柚汁转换为橙汁就变成了“马德拉斯（Madras）”，若使用被称为“墨西哥国民酒”的龙舌兰酒来调制就成为了“墨西哥马德拉斯（Mexican Madras）”。

龙舌兰酒是烈性酒中个性突出的一种，这款鸡尾酒带有浓郁的热带风情特色，口感温和美味，十分适合女性选择。

EQUIPMENT 准备物品

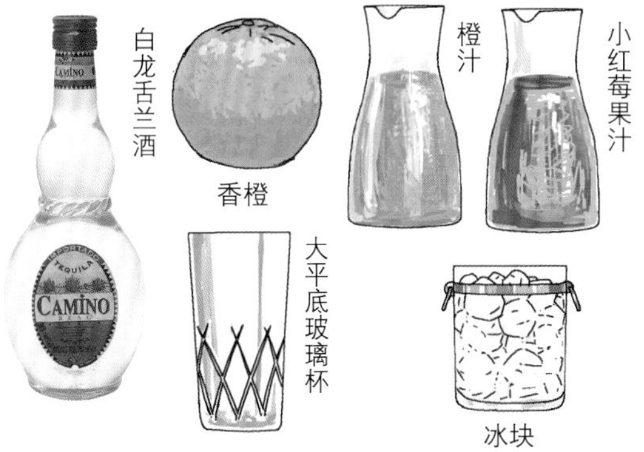

INGREDIENTS 享受斗牛士时的材料及用量

白龙舌兰酒	45ml
小红莓果汁	80ml
橙汁	80ml
香橙（切瓣）	1/6个
冰块	适量

METHOD 美味的制作方法

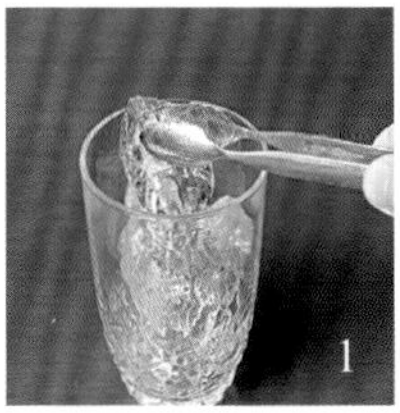
1 大平底玻璃杯中放入冰块。

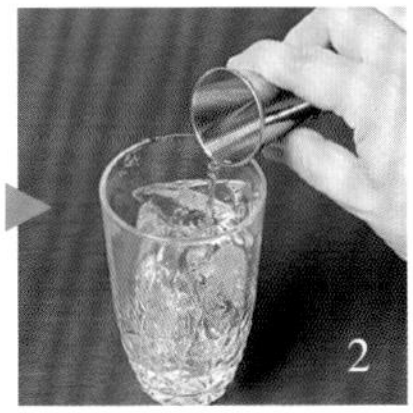
2 注入龙舌兰酒。

3 加入小红莓果汁。

4 加入橙汁。

5 使用搅棒轻轻混合。

6 1/6个切瓣香橙装饰在玻璃杯边缘。

热带鸡尾酒般美味温和的口感。

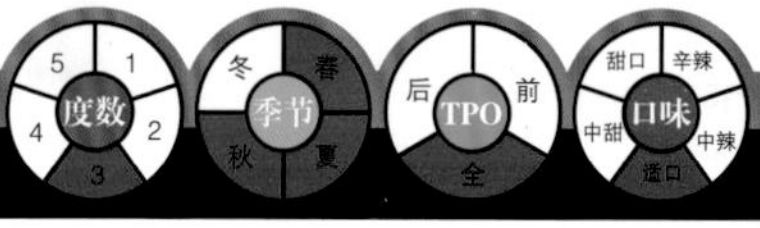

墨西哥人浪 Mexican Wave

混合黑加仑甜酒及姜味汽水的爽快口感。浓郁的拉丁风新潮鸡尾酒。

●饮酒方式

龙舌兰酒与姜味汽水（Ginger Ale）调和的鸡尾酒，在桌上碰杯之后一饮而尽被称为“猎枪（Shotgun）”。这种爽快的饮酒方式颇具男性味道，若再混合入人气黑加仑甜酒（Creme de Cassis），爽快的口感会更受到女性的欢迎。

●品味方法

在这款鸡尾酒中使用口感辛辣的姜味汽水是关键。融合酸橙汁也可获得更加浓郁的清凉感。

这款个性活力的新潮鸡尾酒在有花式调酒的休闲类酒吧中，人气急速攀升。

EQUIPMENT 准备物品

白龙舌兰酒

黑加仑甜酒

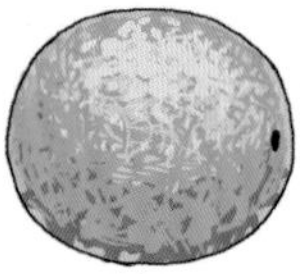

酸橙

冰块

大平底玻璃杯

冰镇姜味汽水

METHOD 美味的制作方法

大平底玻璃杯中放入冰块。

注入龙舌兰酒。

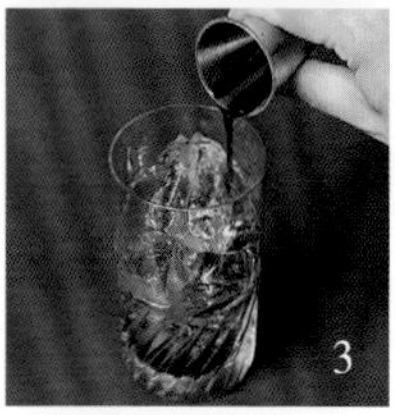

加入黑加仑甜酒。

加满姜味汽水。

使用搅棒轻轻混合。

INGREDIENTS 享受龙舌兰日出时的材料及用量

白龙舌兰酒	45ml
黑加仑甜酒	20ml
冰镇姜味汽水	适量
酸橙（切瓣）	1/4个
冰块	适量

人气不断攀升的美味鸡尾酒。

另外一种龙舌兰酒“Pulque”

作为龙舌兰酒原型的“Pulque”是在阿兹特克文明中被视为“神圣之液”的珍贵酿造酒。尽管酿酒原料同为龙舌兰，但与龙舌兰酒所用原料的种类却不尽相同。由被称为“Agave Atrovirens”的龙舌兰肉茎的中央部分进行采集，使用一种又大又长的葫芦式工具抽取汁液。经1～2周发酵后就成为了“Pulque”。发酵技术只向继承者口头传授。但据说这种技术近年来面临了生存危机，尽管如此也依然是墨西哥不可多得的宝贵财富。

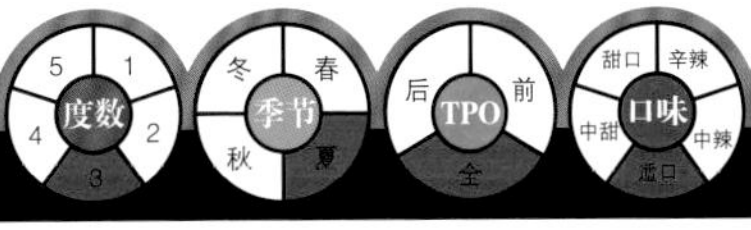

长饮玛格丽特

龙舌兰酒混合君度橙酒，超人气鸡尾酒玛格丽特加汤力水。

●饮酒方式

玛格丽特是龙舌兰酒与君度橙酒（Cointreau）以及酸橙（柠檬）汁调和而成的短饮型鸡尾酒（short cocktail），若与汤力水结合就成为了这款长饮玛格丽特（Long Margarita）。

玛格丽特一般以玻璃杯边缘蘸盐的“雪糖杯（snow style）”方式饮用。龙舌兰酒搭配酸橙汁和盐是墨西哥当地的传统饮酒方式。品味玛格丽特时一般会采用这种方式。

长饮玛格丽特（Long Margarita）同样也可使用蘸盐的雪糖杯方式饮用。

●品味方法

君度橙酒（Cointreau）是以橙皮香为主要特色的利口酒，也是白色库拉索酒（White curaçao）的一种，在制作鸡尾酒时为增添风味和香气会经常用到。

可林杯是圆筒形高身玻璃杯，也被称作高身杯（Tall glass）或烟囱杯（Chimney glass），容量在300～360ml。改换其他酒杯时也要选择容量相近的类型。

EQUIPMENT 准备物品

INGREDIENTS 享受长玛格丽特时的材料及用量

白龙舌兰酒	30ml
君度橙酒	30ml
酸橙汁	10ml
酸橙（切瓣）	1/6个
冰镇汤力水	适量
冰块	适量

METHOD 美味的制作方法

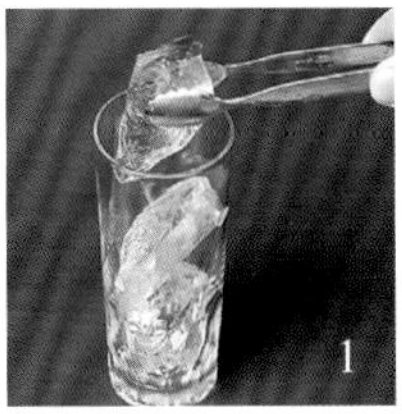

可林杯中放入冰块。

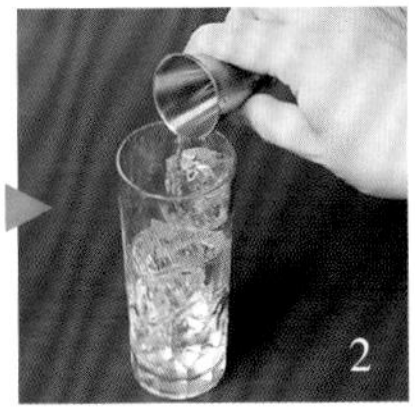

注入龙舌兰酒。

注入君度橙酒。

加入酸橙汁。

加满汤力水。

用搅棒轻轻混合，酸橙装饰在玻璃杯边缘。

推荐在运动后饮用。

玻璃杯口边缘蘸满盐分

适合与龙舌兰酒搭配的料理

隐含着野性魅力的烈性酒品种，带给人浓郁热带风味的龙舌兰，酒精度一般在35°～40°，同其他酒类相比并不十分强烈。与个性口味料理搭配十分合适。

塞希那（Cecina）

说起墨西哥的风味美食，人们一般会想到这种半生风干肉的人气料理。微微的辛辣味道源于个性的墨西哥辣椒。

制作方法：

①将牛肉切成薄片。
②洒入墨西哥辣椒罐头汁放置1日。
③用盐和胡椒调味后风干半日到2日，也可使用风扇吹干。
④切成细条后放入盘中，用香菜做装饰。

材料（2人份）

牛肉……………………………150g
墨西哥辣椒（青辣椒的罐头汁）……
…………………………………适量
香菜……………………………适量
盐………………………………少许
胡椒……………………………少许

隐藏着浓厚热情的龙舌兰酒
适合搭配个性独特的美味料理

保存时间长，可一次多量制作，放置冰箱中保存亦可。

墨西哥玉米片（Nachos）

将玉米薄饼切成三角形，玉米片油炸之后撒上芝士，再加入肉及蔬菜放在烤炉中加热后食用，是一款地道的墨西哥美味料理（Tex-Mex）。

材料（1人份）

玉米片	150g
芝士（溶化型）	100g
洋葱	适量
墨西哥辣椒	适量
墨西哥豆泥	适量
墨西哥辣牛肉酱*	适量
辣椒番茄酱	适量

*墨西哥辣牛肉酱是把豆类煮软后，放入牛肉及猪肉的肉馅，加入洋葱、西红柿以及辣椒粉等煮制而成的。

制作方法：

①在耐热器皿中放入玉米片，上面铺上融化的芝士。

②撒上洋葱、墨西哥辣椒、墨西哥辣牛肉酱以及墨西哥豆泥。

③加入芝士和墨西哥辣椒，浇上辣椒番茄酱，置于炉烤中烤制10分钟左右。

牛肉作为配料，还可根据个人喜好加入西红柿等。

仙人掌沙拉和烟熏三文鱼

仙人掌作为健康食品愈加引人关注。好似芦荟一般的口感最适合与醋类搭配制作成爽口沙拉。

制作方法：

①在<沙拉A>的材料中撒入自制沙拉酱，并盛于器皿之上。

②使用玉米薄饼包裹①食用。

用薄饼卷起，饥饿时可获得超大满足。

材料（2人份）

<沙拉A>	
食用仙人掌（罐装）	150g
紫洋葱（红洋葱）	适量
墨西哥辣椒	适量
牛至（Oregano）	适量
酸橙（圆片）	1片
熏三文鱼（薄片）	4片
橄榄油	少许
墨西哥玉米薄饼（Corn Tortilla）	4张
<自制沙拉酱>	
鳀鱼、蛋黄酱、橄榄油、洋葱、大蒜等…	适量

使用龙舌兰酒调制而成的鸡尾酒“石榴玛格丽特（Zakro Margarita）”

玻璃杯边缘用柠檬汁润湿，蘸满盐分做成雪糖杯（snow style）。若有摇酒器（Shaker）可将鸡尾酒材料倒入其中充分混合。没有工具就加入方冰轻轻搅匀。热情的红色很受女性欢迎。

龙舌兰酒	60ml
石榴汁	30ml
酸橙汁	10ml
君度酒（Cointreau）	20ml
盐	适量

龙舌兰品牌精选13

●基本信息
1.制造公司名
2.原产地名
3.容量
4.酒精度数

赫拉多拉龙舌兰银

Herradura Silver

优质龙舌兰酒的代名词，100%天然龙舌兰酒

酒标上的『Natural Tequila』文字意思是使用100%蓝色龙舌兰（blue agave）为原料，不添加任何物质及发酵酵母，经自然发酵酿制而成。调制鸡尾酒或净饮时都能够充分享受到龙舌兰酒的纯正美味。赫拉多拉指钉在马掌上的铁钉。

1.赫拉多拉酒业公司（Herradura）
2.墨西哥
3.750ml
4.40°

阿哈托罗陈年红瓶100% 蓝色韦伯龙舌兰

Aha Toro Anejo Red 100% Blue Weber Agave

采用严格制法酿造而成，散发活力新鲜的龙舌兰酒香，带给人愉悦感受

使用专用工具将作为原料的龙舌兰磨碎，发酵过程也使用木制大桶等经严格工艺酿造而成。具有爽快味道及润滑口感，余味悠长。新鲜具有活力的龙舌兰香气令人愉悦。产地为耶稣玛利亚（Jesus Maria）村。阿哈托罗的意思是『牛，上那边去』。

1.欧雷（Ole）蒸馏酒厂
2.墨西哥
3.750ml
4.40°

艾尔吉玛白色龙舌兰酒

El Jimador

在美国颇受欢迎的新一代龙舌兰酒

1994年作为赫拉多拉公司旗下新一代品牌亮丽登场。作为酒名的艾尔吉玛（El Jimador）是指栽培龙舌兰的劳作者，在酒标中也描画出栽培时的情景。与赫拉多拉一样，艾尔吉玛也有着严格的酿制要求，使用100%龙舌兰为原料，不使用任何添加物及酵母，经自然发酵酿造而成。

1.龙舌兰酒·赫拉多拉公司
2.墨西哥
3.750ml
4.40°

艾伦西亚历史『5月27日』

Herencia Historico『27 de Mayo』

雪莉酒桶中10年陈熟，使用独创酒杯奢华享用

采用西班牙进口雪莉酒桶（sherry）精心酿造，陈酿10年后的味道如同艺术品一般精致绝妙。完全限量生产，每个酒瓶上都印刻有制造序号。同时还配有著名葡萄酒酒杯制造厂商力多（Riedel）为龙舌兰酒特制的专用玻璃酒杯。净饮时可品尝到堪称『梦幻龙舌兰酒』的奢华美味。

1.Tequilas del Señor
2.墨西哥
3.750ml
4.38°

懒虫龙舌兰白
懒虫龙舌兰金

Camina Rea
Camina Real

拥有70年以上荣耀历史的懒虫龙舌兰酒。获得全球人青睐的独特酒瓶设计。

『Camina Real』具有『高速公路』之意。酒瓶以当地居民制作水壶时使用的丝瓜葫芦为印象进行设计。口感异常润滑，十分适合作为鸡尾酒的基酒。白色带给人爽快的感受，金色则经过桶酿呈现出滑润醇厚的酒质。

1.马提尼与罗西
2.墨西哥
3.均为750ml
4.白色为35°
金色为40°

艾伦西亚 银
100%龙舌兰陈酿

Herencia de Plata
100% Agave Añejo

正式场合中经常被使用的名酒品牌

2002年11月12日，英国女王伊丽莎白二世与墨西哥总统干杯时所用的酒品。具有黄金色泽，还带有棉花糖（Marshmallow）及烤制点心的甜美浓香味道。属甘洌类型，水果及奶糖的甜味令人回味，余香中还可体会到龙舌兰及胡椒的爽快感觉。口感新鲜洗练的优质品牌，适合净饮品味。

1.Tequilas del Señor
2.墨西哥
3.750ml
4.38°

奥米加

Olmeca

最长酿造期为8个月
拥有上等奢华酒质

这种酒因起源于公元前1200年，在公元前后开始繁荣的奥米加（Olmeca）文明而得名。酒标中也印有象征着奥米加（Olmeca）文明的脸部石像图案。将手工作业采摘的优质龙舌兰作为酿酒原料，精心蒸馏制作出原酒，桶中最长酿造期为8个月。以上等醇厚口味，柔滑顺畅口感为特征。作为高级龙舌兰酒，品味方式多种多样。推荐选择玛格丽特（Margarita）鸡尾酒或冰镇后净饮。

1.保乐利加（Pernod Ricard）墨西哥公司
2.墨西哥
3.750ml
4.40°

欧恩丹

Orendain

墨西哥龙舌兰酒村著名三酒厂之一欧恩丹公司出品优质龙舌兰酒

将龙舌兰原料细致蒸馏，使用3年桶酿后质感醇厚芳香的100%原酒制作而成，为数稀少的优质龙舌兰酒之一。

1.欧恩丹公司
2.墨西哥
3.750ml
4.40°

（右起）

三个好朋友白
三个好朋友金

Tres Alegres Compadres White
Tres Alegres Compadres Gold

对龙舌兰酒酿造倾注热情的3个好朋友的画像被印入酒标当中

西班牙语中Tres（3个人的），Alegres（愉快的），Compadre（朋友），这一名称是因龙舌兰酒制造公司La Cofradia的创业者赫尔南德兹（Hernandez）及其生活当中深交的朋友们而得名。白色使用单式蒸馏器进行3次蒸馏，不经桶酿过滤后直接装瓶。口感清醇爽润，具有独特的酒香，很适合作为鸡尾酒的基酒。金色在蒸馏之后要注入橡木桶中精心酿制2个月。爽滑芳醇的味道会在口中瞬间扩散。建议选择窄口酒杯（或白兰地酒杯）净饮品味。

1.La Cofradia公司
2.墨西哥
3.均为750ml
4.38°

索查（银）

Sauza Blanco

在墨西哥获得最高人气的历史悠久的龙舌兰酒厂

创业于1873年的龙舌兰酒厂的品牌，有『海外金快活（Cuervo）』，墨西哥索查』一说。属于带有清新酒香及爽快口感的Blanco类型，是在墨西哥当地最受欢迎的龙舌兰酒。

1.索查公司
2.墨西哥
3.750ml
4.40°

（左起）

培恩银
培恩桶酿
培恩陈酿

Patron Silver
Patron Reposado
Patron Añejo

近代技术与传统制法巧妙融合，具有润滑丰富的上等口感

培恩烈酒公司以生产最高品质龙舌兰酒为目标，成立于1989年。Silver采用手工生产方式，经3次蒸馏而成，以无色透明、醇美新鲜的口味为特征。爽滑口感十分适合净饮或调制鸡尾酒。Rebosado在橡木桶中贮藏6个月，将Silver似的清新爽快口感与接近Añejo的橡木桶香味融合一身。Añejo在橡木桶中贮藏12个月以上，与葡萄酒一样按照一定比率混合实现不同口感，带给人十足的美味享受。

1.培恩烈酒公司
2.墨西哥
3.均为750ml
4.均为40°

唐胡里奥特醇金

Don Julio

在作为波本酒桶使用的小型木桶中经8个月酿造陈熟

唐胡里奥拥有60年以上酿酒历史，在高级优质的龙舌兰酒中拥有着不可动摇的稳固地位。作为原料的蓝龙舌100%出自拥有能够最大限度突出甘甜风味的气候土壤的哈利斯科州（Jalisco）洛斯阿尔托斯（Los Altos）地区，从栽培到陈熟全部采用手工作业进行，始终传承着严格细致的酿酒方法。

1.龙舌兰酒 唐·胡里奥
2.墨西哥
3.750ml
4.38°

玛利亚西龙舌兰酒 银（上）
玛利亚西龙舌兰酒 金（下）

Mariachi Tequila Silver

Mariachi Tequila Gold

遵守严格制法酿造的丰富香气及味道

创业于1904年的蒸馏酒厂至今还沿用以往的砖制锅具，将精选的高品质蓝色龙舌兰原料蒸馏提取，继承传统工艺手法的每一个细节。银色带有柑橘系清爽芳香及甘甜味道，金色是Añejo类型混兑之后获得的龙舌兰酒。都十分适合作为龙舌兰鸡尾酒的基酒。

1.保乐利加 · 墨西哥公司
2.墨西哥
3. 均为750ml
4. 均为40°

（右起）

金快活 1800陈酿
银快活
金快活

Jose Cuervo 1800 Añejo

Jose Cuervo Clasico

Jose Cuervo Especial

世界销量第一的著名龙舌兰酒品牌

金快活成立于1795年。作为首个取得酿酒许可的龙舌兰酒厂，打造出了世界销量第一的龙舌兰酒品牌。1800 陈酿以100%蓝色龙舌兰为原料，经12个月以上桶酿而成，具有天鹅绒般的舌尖触感及水果芳香。银快活是最适合调制鸡尾酒的优质银色龙舌兰酒，新鲜柔和的口味令人愉悦。金快活是Rebosado类型，在橡木桶中贮藏2个月以上，能带给人柔和的口感享受。

1.金快活
2.墨西哥
3.均为750ml
4.40°

找到自己钟情的一杯

威士忌、白兰地、金酒等品种繁多，并各自具有独特的个性。人们在选择时经常会感到迷惑。为了能够尽早找到适合自己的口味，可参照如下建议去做：

“百闻不如一见”

本书中介绍了各种洋酒的代表品牌，通过酒类杂志或者网络等也可以了解到市场上洋酒的品牌及分类特征等。但实际上每种酒的口味如何，不真正去品味是难以了解的。正所谓百闻不如一见。

洋酒的品尝方法有几种。

威士忌及白兰地要选择净饮方式。因为这两种酒的酒香是十分重要的因素，若与其他饮品混合，酒香就会转淡，影响对美酒的品味。选择威士忌时也可尝试兑入等量水的Twice Up饮酒方式。

金酒及伏特加酒等也可选择净饮，还可以对比品尝制作简单的鸡尾酒。若从中发现了适合自己的口味，还可转换基酒来进行对比尝试，鸡尾酒的口感也一定会发生微妙的变化。

与调酒师交流

不知选择何种酒，都可以向调酒师咨询，你一定能够得到满意的回答。

例如你可以向调酒师说出喜欢什么样的口味，或者描述下曾经喝过的洋酒的印象，“这个怎么样？”调酒师一定会给出你相应的建议。同时他还会附带介绍下此品牌的特征、美味的饮酒方式等，一些热情的调酒师还会给你讲讲关于这种酒的趣闻。

需要注意的是选择净饮方式时，配饮（Chaser）不可缺少。

此外还要切忌一次不可尝试多种酒类。即便量少，由于酒精度较高也很容易喝醉。鸡尾酒也同样，一旦喝醉美味就无从体会了。

选择迷你瓶装酒轻松试饮比较

可以购买迷你瓶装酒来品尝。价格既不昂贵，还可以轻松品尝到多种口味。

也可以约上几个好朋友一同品酒，不妨将各自喜好及感兴趣的酒带来开个品酒会。这样一来既无须太多花费，又可品尝到各种品牌的美酒。

如果酒还有剩余，可各自将喜好的类型带回家去继续享受。

另外，在品酒的时候最好能够把品味的感受记录下来。

如果一下子品尝许多种酒，过后就会很难想起每种酒的特点及味道。不要把记录看做是一件很困难的事情，将品酒前的香气、含在口中的感受、越喉感以及饮用后的余香体会等简单记录下来即可。若能将产地、特征及一些历史趣闻也一同记录下来，你就会做成一份很了不起的独创品酒记录。

找到自己钟爱的那一杯酒时，你也随之成为了一个品酒专家。

鼻尖贴近杯口，深深品吸酒香。

威士忌流入口中，细细品尝美味。

洋酒用语

A

Aging

陈化老熟。

Alambic Charentais

干邑蒸馏时使用。古典的夏朗德单式蒸馏器。

Amaretto

以杏核为原料制作的利口酒。带有浓郁的杏仁香气，因而常被人看做杏仁利口酒。实际上是在杏核的蒸馏液中混合入香料精华及酒精成分制作而成的。

Angostura bitters

由1894年德国出身的军医施格特创造出来的健胃强壮药剂。使用朗姆酒配合龙胆根中的苦味成分等制作而成。

Apple Brandy

以苹果为原料酿制的白兰地酒。其中以法国的卡尔瓦多斯（Calvados）白兰地最为著名。

Armanhac

法国比利牛斯山附近加斯科涅（Gascony）地区生产的葡萄白兰地。

B

Bacardi

产于加勒比海波多黎各（Puerto Rico）的朗姆酒顶级品牌。白朗姆最为著名。

Benedictine

使用多种药草及香料制作而成的甘甜浓厚的利口酒。沿袭了很久以前的本迪尼克特（BENEDICTINE ORDER）修道士在修道院酿制时的方法，目前的产地在法国北部费康（Fecamp）。

Blended Whisky

由麦芽威士忌（malt whisky）和谷物威士忌（grain whisky）混合制成。

Blender.

包括有两个含义。在日本是指搅拌器，一种家庭中常见的调理用具，制作冰冻鸡尾酒（Frozen Cocktails）时不可缺少。另外一种意思是指专业的调酒师或从业人员。他们会把麦芽威士忌和谷物威士忌融合制成混合型威士忌（Blended Whisky）。

Bourbon whiskey

产自美国肯塔基州、宾夕法尼亚州以及弗吉尼亚州的威士忌酒。在美国威士忌中产量最多。不只对酿酒原料有严格的规定，酿造方法上的限制也较其他威士忌酒更为细致。作为原料的玉米用量在51%~80%之间，并且还要在内壁烘烤过的新制白橡木桶中贮藏2年以上。

Brandy

葡萄酒蒸馏后酿制而成。语源来自荷兰语Brande（烧烤、蒸煮）和wijn（葡萄酒）。

Build

鸡尾酒的基本技法之一。不使用晃酒器或混合酒杯而直接在杯中加入材料制作，是最简单的鸡尾酒制作方法。

C

CASK

酒桶的意思。只将一个酒桶中的原酒装瓶制成成品，被称为单一桶装（Single cask）。瓶身要刻印上原酒桶的序列号码。强化桶（cask strength）由于不加水而直接装瓶，因而酒精度数达到了60° 左右。

Chaser

饮用高酒精度洋酒的间歇交替饮用矿泉水或苏打水，也可选择啤酒或果汁等来作为配饮。

Cognac

以法国西南部干邑（Cognac）市为中心，在6个地区生产酿造的葡萄白兰地。

Cointreau

干邑中加入橙子皮及草叶萃取精华等制作而成的高级利口酒之一。白色柑桂酒（White Curacao）的一种，出产自法国昂热市（Angers）市君度（Cointreau）公司，并直接以公司名称命名。

陈熟

蒸馏液加水置于桶中贮藏，由于长时间存放酒色会由无色透明转变为琥珀色调。酒桶的材质、容量、贮藏仓库的位置、湿度以及温度等要素都对陈熟的风味产生很大影响。贮藏的1年期间桶中的酒液会挥发2%～3%，这在苏格兰被称为“天使所享（Angels share）”。

D

Drambuie

苏格兰威士忌中加入由杜鹃花科植物中采集的蜂蜜及香草等精华成分，制造出香味浓郁的甘甜利口酒。

Dry Vermouth

以苦艾为主，融合多种香料及药草精华，再加入烈性酒的辛辣加味葡萄酒。苦艾酒全部使用白葡萄酒制作，有Dry（甘冽清爽）、Sweet（甘甜）、Bianco（清淡甘美）以及Rosso（以焦糖着色香甜可口）等不同类型。

大麦麦芽

纯麦威士忌酒的原料。在收获的大麦中加水令其发芽干燥后形成。干燥时使用的泥炭使苏格兰威士忌酒散发出独特的烘烤香味，也被称为纯麦。

单式蒸馏器

威士忌的蒸馏器大多为铜制大型器具。将含有酒精的发酵液注入容器之中，由下方加热后回收蒸汽留取蒸馏液。每次蒸馏过后将剩余的废液取出，再重新加入发酵液，每次均作调整。这样的器具就被称为单式蒸馏器。

F

Float

指漂浮的意思。使比重不同的烈性酒、水或生奶油等漂浮叠加的鸡尾酒调制技法。利用勺背向杯中缓慢注入是其窍门。

French Brandy

在作为白兰地产地而闻名的法国，除干邑（Cognac）和雅文邑（Armagnac）地区之外的法国产白兰地的统称。

Fruit Brandy

使用葡萄之外的水果酿造的白兰地酒。

G

Ginger Ale

萃取生姜精华融合柚子及桂皮等香料制作而成的碳酸饮料。由于制造厂商不同，口味也分有甘甜及辛辣不同类型，姜味的强弱不尽相同。

Ginger Wine

1740年诞生于伦敦。使用磨碎生姜和白葡萄酒酿制，口感甘甜适于饮用，颇受学生及年轻人士的喜爱。

Grain whisky

以玉米和小麦（一部分是大麦麦芽）为主要原料，使用连续式蒸馏机蒸馏酿制的威士忌酒。

Grain

一般指谷物的统称。酿造威士忌时指大麦麦芽以外的谷物，也可作为谷物威士忌（grain whisky）的略称。

Grape Brandy

以葡萄为原料酿造的白兰地酒，以法国的干邑（Cognac）和雅文邑（Armagnac）为代表。

H

Holder

选择热饮时使用的用具，金属制把手。将酒杯放入带把手的杯托中使用。

琥珀色

半透明中带有红色或黄色，指威士忌及白兰地酒的色泽。英语是“umber”。蒸馏后的酒是无色透明的，放入白色橡木桶中酿造，酒的色泽就会一点一点转变。制作酒桶的木材中含有单宁酸及木质素等成分，烘烤之后也会使部分成分发生变化，这些溶解之后都会使酒着色。

活性炭过滤

将白桦、菩提树以及椰子等果实的壳煮烤过后制成木炭，并借此进行过滤。伏特加酒主要使用白桦活性炭过滤，从而获得无杂味纯净口感。

J

搅棒

混合洋酒或鸡尾酒时使用，可将玻璃杯中的砂糖及果肉搅碎的用具。有木制、玻璃制、不锈钢制等不同材质，颜色及样式也多种多样。

K

Kahlua

墨西哥原产咖啡利口酒。以咖啡豆和可可豆为原料，同时还混合油香草及月桂等香料成分。

Kentucky Derby

与英国、法国齐名的世界三大赛马活动之一。自1875年开始，每年5月的第一个星期六会在肯塔基州路易斯维尔的丘吉尔庄园举行。观众均一边品尝着波本酒与薄荷调制而成的“波本之雾（Mint Julep）”鸡尾酒，一边愉快地观看比赛。

Key malt

混合型威士忌（Blended Whisky）是由数十种纯麦威士忌（malt whisky）及数种谷物威士忌（grain whisky）混合而成。纯麦威士忌（malt whisky）中最基本的单一纯麦（Single whisky）被称为主要纯麦（Key malt）。

L

连续式蒸馏机

注入含有酒精的发酵液，将蒸馏液和废液分离并使之流出的蒸馏机器。由于可进行连续式蒸馏，因而被称为连续式蒸馏机。

龙舌兰

龙舌兰酒的酿酒原料，在墨西哥被称为“Agave”或“maguey”，石蒜科多年生草本植物，生长期约为7～10年。果实类似于凤梨，平均直径为70～80cm，重量30～40kg。

M

Malt

发芽的大麦，即大麦的麦芽，是麦芽威士忌的酿酒原料。此外也可作为麦芽威士忌的略称。

Malt whisky

只使用大麦麦芽为原料，在单式蒸馏器（壶式蒸馏器）中蒸馏酿成的威士忌。酒桶内长期贮藏使得酒液呈现出琥珀色、醇厚及芳香的特征。苏格兰威士忌的酿造时间被法定为3年以上。

MeasureCup

计量洋酒时使用的器具。金属材质分有不同容量，一般小型为30ml，大型为45ml。小型量酒器1杯被称为“single”，2杯叫做“double”；大型1杯被称为“jigger”。

Mint

薄荷，散发出独特芳香的高繁殖性植物。Mint为英国名称，类型多达上百余种，分有胡椒薄荷系（Peppermint）以及绿薄荷系（spearmint）。胡椒薄荷香味强烈，绿薄荷则香味较弱，却带有甘甜的味道。将叶子捣碎香味会更加显著，但若捣碎过烂也容易产生苦味。

O

Oak

柏树、山毛榉、枹树等壳斗科大树的统称。材质坚硬，作为建材、船材及木桶材料等十分适合，因其美丽的木纹也可用于制作家具。酿造苏格兰威士忌时使用的有美国白橡木、西班牙橡木及法国橡木。

P

Peat

堆积的草炭及泥炭。大麦麦芽干燥时所使用的燃料。干燥过程中产生的烟雾会渗入大麦麦芽，使酿成的威士忌酒带有独特的泥炭芳香。

Pousse Café

将几种利口酒及烈性酒按照由重到轻的比重顺序向杯中叠加注入的鸡尾酒调制方式。拥有高超的技术才能避免各种酒混在一起。

Pure malt whisky

原本是指100%麦芽威士忌，近年来一些蒸馏酒厂也使用数种麦芽威士忌混制而成。

R

Ram

使用加勒比海产甘蔗酿造的蒸馏酒。法属海外领地马提尼克岛（Martinique）酿造的农业生产朗姆酒（Ram Agricole），获得原产地统治称呼法承认，近年来人气高涨。

S

Scotch whisky

英国北部苏格兰地区蒸馏、酿造的威士忌酒。

Sherry

白葡萄酒混合白兰地制作而成。是西班牙安达卢西亚（Andaluc í a）西南部加的思（Cadiz）县中央都市赫雷斯-德拉弗龙特拉（Jerez de la Frontera）周边特产的酒精度强化葡萄酒。

Single malt whisky

由一家蒸馏酒厂酿造的纯麦威士忌灌装成瓶的威士忌酒。不同酿酒厂所具有的个性芳香口感拥有着各自的人气。如苏格兰艾雷岛（Islay）蒸馏酒厂酿制的单一纯麦威士忌就具有强烈的泥炭香及海潮和海藻的味道。

Smoky flavor

苏格兰威士忌的烟熏味道。堆积的草炭和泥炭是大麦麦芽干燥时的燃料，燃烧时的烟熏味道也成为了威士忌酒的一大特色。

Snow style

鸡尾酒的装饰技法之一。是使玻璃杯边缘蘸满盐分或砂糖的装饰方法。用柠檬、利口酒等将玻璃杯边缘润湿，倒扣在盛有盐或砂糖的器皿之上，并轻轻转动。

Soda

指碳酸水。与酒类搭配非常合适，鸡尾酒调制中经常被使用。有水与碳酸气融合的类型以及液体本身就含有碳酸气的类型。此外还有使用酿造威士忌时的天然水制作的苏打水。

Speyside

苏格兰的北部Highland地区东部流淌的斯佩塞河流域。这里制作的whisky是以最高的品质而被闻名的，集中了50所以上的蒸馏所。这里是原料大麦的主产地；有漫游着三文鱼的优良水质；还是富有燃料泥炭的地方。这里的威士忌饱含端厚的泥炭香，以沉稳奢华而又深邃的口味为特征。

Spirits

酿造酒蒸馏而后获得的蒸馏酒。直接或用木桶贮藏后饮用。一般酒精度数较高，可以长时间保存。世界上许多地区都拥有当地特色的烈性酒。其中以威士忌（whisky）、白兰地（Brandy）、朗姆（Rum）、金酒（Gin）、伏特加（Vodka）以及龙舌兰酒（Tequila）为代表。

Stir

鸡尾酒调制的基本技法之一。在混合杯中放入材料及冰块，使用调酒勺快速混合。Stir即是指混合搅拌的意思。与摇晃震动相比更能够获得甘醇爽快的风味。注入杯中之后也可再用酒勺或搅棒轻轻搅匀。

Straight

不添加任何材料直接饮用。美国肯塔基州自1855年开始使用这种说法。由于酒精度较高，一般会和水、啤酒或者果汁等交替饮用。最近在美国也被称为“up”，英国则为“neet”。

Sugar syrup

给鸡尾酒增加甜味时使用的糖浆。使用白砂糖煮制而成，也被称为“plain syrup”。

T

Tequila

龙舌兰酒（Tequila）的酒名源自产地名称，即墨西哥哈利斯科州的特其拉村。是以墨西哥原产龙舌兰为原料酿制的烈性酒。

Tonic Wate

带有淡淡甜味及苦味的无色透明碳酸饮料。在鸡尾酒调制中经常会使用，尤其适合与白色烈性酒搭配。具有改善食欲不振，提神醒脑的效果，最初作为劳作于热带地区的英国人的保健饮料而诞生。

糖蜜

使用甘蔗等材料精制砂糖时的副产品，是除糖分之外还含有其他成分的黑褐色液状物。糖分约占6成，被用作甜味料、化学调料及朗姆酒的原料。以手工制糖法使用甘蔗制糖时，蜜糖中会残留许多甘蔗原始的糖分及矿物质成分。

桶香

蒸馏液置于酒桶中贮藏酿造，随着长时间存放，酒桶中的木材成分会溶解出香味并转移至蒸馏液中。具有代表性的酒桶木材是美国原产白橡木桶以及欧洲原产橡木桶，许多地方也会再次利用空雪莉桶（sherry）或波本酒桶（Bourbon）来酿造。使用的酒桶不同酒的香型也存在差异。据说没有两只酒桶是完全一样的，同一酿酒厂里存放同样烈酒，即使两只相挨的木桶其中的酒味也会有微妙的不同。

Y

原产地统制称呼法

对于法国农产品的认证，也被称作AOC法。可依据此法令整顿与原产地名称等不相符合的产品。根据栽培地区、酿制方法、葡萄品种、制造过程以及最终质量的评定来衡量，只对满足一定条件的产品给予法律保护的体系。